实践技能课程系列教材·食品药品检验实训教程

食品基本技能检测实训教程

主　编◇关海宁　刁小琴

北京大学出版社
PEKING UNIVERSITY PRESS
黑龍江大學出版社
HEILONGJIANG UNIVERSITY PRESS

图书在版编目（CIP）数据

食品基本技能检测实训教程 / 关海宁，刁小琴主编
. -- 哈尔滨 : 黑龙江大学出版社 ; 北京 : 北京大学出
版社，2018.12
ISBN 978-7-5686-0314-0

Ⅰ. ①食… Ⅱ. ①关… ②刁… Ⅲ. ①食品检验－高
等学校－教材②食品分析－高等学校－教材 Ⅳ.
① TS207.3

中国版本图书馆 CIP 数据核字（2018）第 292274 号

食品基本技能检测实训教程
SHIPIN JIBEN JINENG JIANCE SHIXUN JIAOCHENG
关海宁　刁小琴　主编

责任编辑　于　丹
出版发行　北京大学出版社　黑龙江大学出版社
地　　址　北京市海淀区成府路 205 号　哈尔滨市南岗区学府三道街 36 号
印　　刷　哈尔滨市石桥印务有限公司
开　　本　787 毫米 ×1092 毫米　1/16
印　　张　13.25
字　　数　267 千
版　　次　2018 年 12 月第 1 版
印　　次　2018 年 12 月第 1 次印刷
书　　号　ISBN 978-7-5686-0314-0
定　　价　36.00 元

前　言

食品基础检测是食品行业应对食品检验、践行食品安全、监督食品质量、把控食品品质的重要实践途径，也是普通高等学校强化食品专业课程的必要实践内容。“十二五”时期，国家食品安全总体形势趋好，食品产业发展迅猛，监管力度持续增强，支撑保障能力稳步提升的同时监管体制不断完善、法律法规的标准体系进一步完善，而“十三五”时期，我国更加尊重食品、药品安全规律，规范食品、药品分析检测体系，确保广大人民群众吃得放心、吃得安全、吃得健康、吃得幸福。

《食品基本技能检测实训教程》以服务于社会食品加工企业、食品检验检测机构等为宗旨，同时可承接普通高等学校食品科学与工程专业、食品质量与安全专业之主干类课程《食品分析与检验》《食品化学》以及《食品微生物学》的理论实践任务，其主要初衷是使相关技术人员、学生全面掌握食品方向诸多检测方法与技术。本实训教程的宗旨是加深食品基础检测操作技能的规范性，提高相关人员对食品基础检测方法的理解与应用，将相关技术规程有效地融入实践操作，融入本科食品专业的实践教学，为专业技术人员提高技术能力、学生进入相关岗位打下基础。

《食品基本技能检测实训教程》包括食品分析篇、食品化学性质篇以及食品微生物检测篇三大部分，涉及52个实训项目，每个项目依据原料性质、行业归属等分为若干方法，内容全面系统，覆盖食品基本营养物质、食品成分性质以及食品卫生检疫等多个层次。全书由绥化学院关海宁编写食品分析篇共29个实训项目，共计13.5万字；绥化学院刁小琴编写食品化学性质篇以及食品微生物检测篇共23个实训项目，共计13.2万字。全书由关海宁主审、统编及定稿。

在《食品基本技能检测实训教程》编写过程中，绥化学院教学处、绥化市食品药品检验检测所相关领导与技术人员给予了全力支持与帮助，特别是绥化市食品药品检验检测所为本书部分方法的论证提供了最佳场所，在此向他们表示由衷的感激。

鉴于本实训教程涉及面广、方法与技术手段多、知识与技能较为繁杂，以及编者的写作水平与技术能力有限，不足之处在所难免，敬请各位读者在使用、实践的过程中批评指正。

编者

2018 年 8 月于绥化

目　　录

食品分析篇

食品化学性质篇

食品微生物检测篇

食品分析篇

实训项目一

食品相对密度的测定

1. 课前预习

(1)食品相对密度与食品品质的关系。

(2)常见液体相对密度的测定方法。

2. 能力要求

(1)熟练掌握液体食品相对密度的测定方法。

(2)学会使用 GB 5009.2—2016 比重计法测定牛乳相对密度的基本操作技能。

3. 术语与定义

密度是指物质在一定温度下单位体积的质量,用 ρ_t 表示,单位为 g/cm^3。相对密度(比重)是指某一温度下物质的质量与同体积同温度下的水的质量之比,用 d_{t2}^{t1} 表示,无单位。

果汁相对密度的测定

1. 技术原理

在 20 ℃时分别测定充满同一比重瓶的水和样品的质量,由水的质量可确定比重瓶的容积(即样品的体积),密度即可通过样品的质量与体积之比计算获得。由样品的质量与水的质量之比可知样品的相对密度。

2. 仪器和试剂

仪器:水浴锅、干燥器、恒温箱以及比重瓶(见图 1 - 1)等。

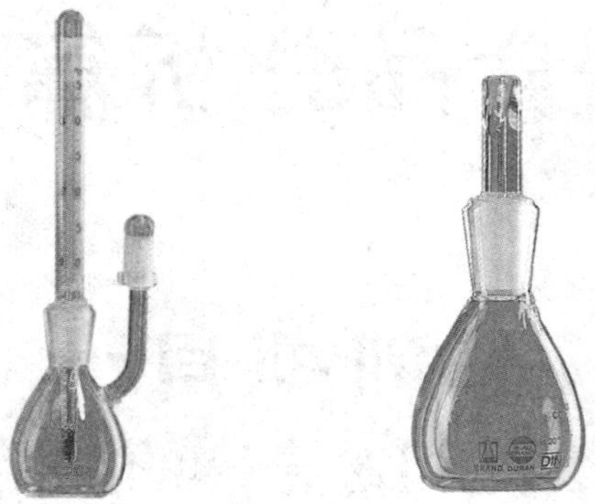

a)精密比重瓶　　　　b)普通比重瓶

图 1 - 1　比重瓶

试剂:铬酸洗涤液,用于清洁比重瓶。

3. 实训步骤

(1)样品预处理

若样品中含二氧化碳,则用力振动锥形瓶或采取措施除去。

(2)称量空的比重瓶

比重瓶依次经铬酸、蒸馏水、无水乙醇、乙醚洗涤数次,吹干,并准确称重。

(3)称量装满水的比重瓶

将新近烧开的蒸馏水注入比重瓶至刻度线以上。然后封闭,放置在温度20 ℃的水浴中约 30 min,借助于玻璃毛细管,将高于刻度线的水吸出(仍在水浴中进行)。水的表面在管颈中形成弧形,调节弧形凹边恰好与刻度线相切。比重瓶管颈的空余部分用滤纸擦干。盖上瓶塞,移出水浴,擦干外表,至分析天平中温度平衡30 min,称重。称量装满水的比重瓶,结果准确至第四位小数。

(4)称量装满样品的比重瓶

将比重瓶的水倒出并干燥,或者用样品反复冲洗比重瓶,按(3)中步骤称量装满样品的比重瓶,准确至第四位小数。注:调节液面的方法应保持一致。

(5)结果计算

样品在 20 ℃时的相对密度按照式(1 - 1)计算:

$$d = \frac{m_2 - m_0}{m_1 - m_0} \tag{1-1}$$

式中:d——样品的相对密度;m_0——比重瓶的质量,g;m_1——比重瓶和水的质量,g;m_2——比重瓶和样品的质量,g。结果计算表示到分析天平的精度的有效数位。

(6)精密度

相同操作条件下获得的两次独立测定结果的绝对差值不得超过算术平均值的5%。

(7)说明及注意事项

①本法适用于测定各种液体食品的相对密度,测定结果准确,但操作较为烦琐。

②测定挥发性的样品时,宜使用带温度计的精密比重瓶;测定较黏稠的样品时,宜使用带毛细管的普通比重瓶。

③液体必须装满比重瓶,并使液体充满毛细管,瓶内不得有气泡。

④天平室温度不得高于20 ℃,避免液体受热膨胀流出。

⑤水浴的水必须清洁无油污,防止污染瓶外壁。

牛乳相对密度的测定

1. 技术原理

比重计的构造为上部是有刻度标签的细管,表示读数,下部球形内部装有汞和铅块。

2. 仪器

比重计示例见图1-2。

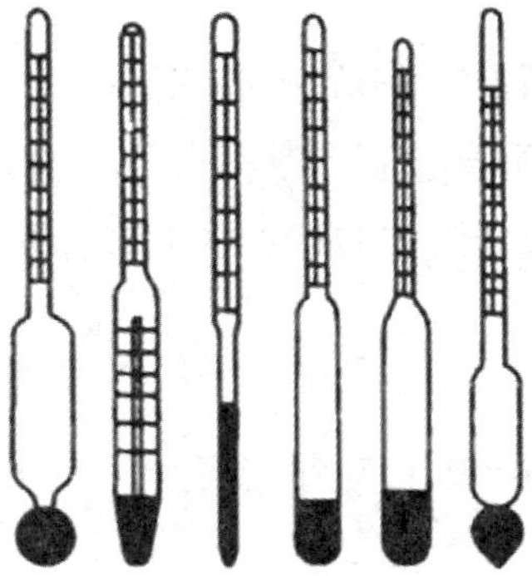

图1-2 几种常见的比重计

3. 实训步骤

(1)比重计法

将清洁干燥的比重计缓慢放入盛有样品的量筒,要求其不能触碰容器四周及底部,样品温度保持在20 ℃,比重计静置后,轻轻按下少许,待其自然上升且无气泡冒出,从水平位置观察其与液面相交处的刻度,即为样品的相对密度。

(2)乳稠计法

牛乳相对密度用乳稠计测定,乳稠计有20°/4°和15°/15°两种。

$$a + 2° = b \tag{1-2}$$

式中:a——20°/4°测得的度数;b——15°/15°测得的度数。

选择量筒遵循的原则是高度应大于乳稠计的长度,直径大小为使乳稠计沉入后,量筒内壁与乳稠计的周边距离大等于5 mm。

将10~25 ℃的牛乳样品小心地注入量筒(250 mL)中,加入量约为量筒容积的3/4,勿产生泡沫。用手拿住乳稠计上部,轻轻地将其沉入相当标尺30°处,放手让它在牛乳中自由浮动,不能接触筒壁。静止1~2 min后,读取乳稠计度数,以牛乳表面层与乳稠计的接触点,即新月形表面的顶点为准。

根据已知的牛乳温度和乳稠计度数,查牛乳温度换算表,将乳稠计度数换算成20°或15°时度数。

相对密度(d_4^{20})与乳稠计度数的关系如式(1-3)。

$$乳稠计度数 = (d_4^{20} - 1.000) \times 1\,000 \tag{1-3}$$

(3)计算举例

牛乳样品温度为16 ℃,用20°/4°的乳稠计测得相对密度为1.030 5,即乳稠计读数为30.5°。换算成温度20 ℃时乳稠计度数,查表,同16 ℃、30.5°对应的乳稠计度数为29.5°,即20 ℃时的牛乳相对密度为1.029 5。

如若计算全乳固体,则可换算成15°/15°的乳稠计度数,这可直接由20°/4°的乳稠计读数29.5°加2°求得,即29.5° +2° =31.5°。

(4)说明及注意事项

①量筒应放置于水平台面上,大小的选取依据比重计的长度确定。

②比重计要轻拿轻放,非垂直状态下或倒立时不能手持尾部,避免折断比重计。

③刻度适当的比重计应根据液体的相对密度来选取。

4. 思考题

1. 相对密度的测定在食品分析与检验中有什么意义?比重瓶和比重计测定样品相对密度有什么区别?

2. 比重计有哪些类型?各有什么用途?如何正确使用比重计?

3. 温度变化对溶液的相对密度有什么影响?

实训项目二
食品中水分含量的测定

1. 课前预习

(1)水在食品中的存在形式及其重要意义。

(2)几种常见的水分含量的测定方法及适用对象。

2. 能力要求

(1)熟练掌握干燥箱的使用方法、分析天平的使用方法等。

(2)学会使用 GB 5009.3—2016 中水分的测定方法测定食品中水分含量。

(3)了解 GB 19644—2010 食品安全国家标准对乳粉中水分含量的基本要求。

(4)明确造成测定误差的主要原因。

3. 术语与定义

干燥法是指在一定的温度和压力环境下,加热蒸发去除样品中的水分,根据样品加热前后的质量差来计算水分含量的方法。蒸馏法采用与水互不相溶的高沸点有机溶剂与样品中的水分共沸蒸馏,收集馏分于接收瓶内,从所得水分的容量求出样品的水分含量。目前常采用直接蒸馏和回流蒸馏。卡尔·费休法,简称费休法,是一种迅速而准确的水分测定法,它属于碘量法,被广泛应用于多种化工产品的水分测定。

4. 适用范围

直接干燥法适用于在 101～105 ℃下,不含或含其他挥发性物质甚微的谷物及其制品、水产品、豆制品、乳制品、肉制品及卤菜制品等食品中水分的测定,不适用于水分含量每 100 g 小于 0.5 g 的样品。减压干燥法适用于糖、味精等易分解的食品中水分的测定,不适用于添加了其他原料的糖果(如奶糖、软糖等)中水分的测定,同时该法不适用于每 100 g 样品水分含量小于 0.5 g 的样品。蒸馏法适用于含较多挥发性物质的食品(如油脂、香辛料等)中水分的测定,不适用于每 100 g 样品水分含量小于 1 g 的样品。卡尔·费休容量法适用于每 100 g 样品水分含量大于 1×10^{-3} g 的样品,卡尔·费休库伦法适用于每 100 g 样品水分含量大于 1×10^{-5} g 的样品。

常压干燥法测定乳制品中的水分含量

1. 技术原理

利用食品中水分的物理性质，在101.3 kPa（一个大气压）、101～105 ℃下采用挥发方法测定样品中干燥减失的质量，包括吸湿水、部分结晶水和该条件下能挥发的物质，再通过干燥前后的称量数值计算出水分的含量。

此法适用于95～100 ℃下，不含或含微量其他挥发性物质的食品。

2. 仪器和试剂

仪器：分析天平、电热恒温干燥箱以及干燥器等。

试剂：盐酸（6 mol/L）、氢氧化钠（6 mol/L）、海砂等。

3. 实训步骤

（1）乳粉试样

取洁净的扁形称量瓶（铝制或玻璃制），置于101～105 ℃干燥箱中，瓶盖斜支于瓶边，干燥1.0 h，取出盖好，置干燥器内冷却0.5 h，称量，重复干燥至恒重。将混合均匀的样品迅速磨细至颗粒小于2 mm，称取2～10 g样品（精确至0.000 1 g），放入此称量瓶中，样品厚度不超过5 mm，如为疏松样品，厚度不超过10 mm，加盖，精密称量后，置101～105 ℃干燥箱中，瓶盖斜支于瓶边，干燥2～4 h后，盖好取出，放入干燥器内冷却0.5 h后称量。然后再放入101～105 ℃干燥箱中干燥1 h左右，取出，放入干燥器内冷却0.5 h后再称量，重复以上操作至恒重。

（2）液态乳试样

取洁净称量瓶，内加10 g海砂及一根小玻璃棒，置于101～105 ℃干燥箱中，干燥1.0 h后取出，放入干燥器内冷却0.5 h后称量，并重复干燥至恒重。然后称取5～10 g样品（精确至0.000 1 g），置于蒸发皿中，用小玻璃棒搅匀放在沸水浴上蒸干，并随时搅拌，擦去皿底的水滴，置101～105 ℃干燥箱中干燥4 h后盖好取出，放入干燥器内冷却0.5 h后称量。以下按步骤（1）自“然后再放入101～105 ℃干燥箱中干燥1 h左右……”起依法操作。

（3）分析结果的表述

$$\omega_1 = \frac{m_1 - m_2}{m_1 - m_3} \times 100\% \qquad (2-1)$$

式中：ω_1——样品中水分的含量；m_1——称量瓶（或蒸发皿加海砂、玻璃棒）和样品的质量，g；m_2——称量瓶（或蒸发皿加海砂、玻璃棒）和样品干燥后的质量，g；m_3——称量瓶（或蒸发皿加海砂、玻璃棒）的质量，g。每100 g样品水分含量不小于1 g时，计算结果保留三位有效数字;每100 g样品水分含量小于1 g时,结果保留两位有效数字。

(4)精密度

相同操作条件下获得的两次独立测定结果的绝对差值低于算术平均值的5%。

(5)说明及注意事项

①恒重是指两次干燥称量的质量差不超过规定的质量,一般不超过2 mg。

②本法测得的水分包括微量的芳香油、醇、有机酸等挥发性物质。

4. 思考题

(1)怎样判断样品是否恒重?

(2)利用常压干燥法测定得到的水分含量是否能真实反映样品水分含量?如有误差,误差从何而来?

(3)如何设计半固态试样的实验操作步骤?

减压干燥法测定白砂糖中的水分含量

1. 技术原理

利用食品中水分的物理性质,在压力为40~53 kPa、温度为60±5 ℃的环境下,采用减压干燥法除去样品中的水分,再通过干燥前后的质量差计算出水分的含量。

2. 仪器和材料

仪器:真空干燥箱、扁形铝制或玻璃制称量瓶等。

材料:市售白砂糖。

3. 实训步骤

(1)样品的制备

粉末和结晶样品直接称取;较大块硬糖需经研钵粉碎,混匀备用。

(2)结晶样品

取已恒重的称量瓶称取2~10 g(精确至0.000 1 g)样品,放入真空干燥箱内,抽出真空干燥箱内空气(40~53 kPa),并同时加热至所需温度60±5 ℃。关闭真空泵,真空干燥箱内保持一定的温度和压力,4 h后,将空气经干燥装置缓慢通入真空干燥箱内,待压力恢复正常后打开。取出称量瓶,放入干燥器中0.5 h后称量,重复以上操作至恒重。

(3)分析结果的表述

同常压干燥法。

(4)精密度

在相同操作条件下获得的两次独立测定结果的绝对差值不得大于算术平均值的10%。

(5)说明及注意事项

①实际操作时压力和温度可根据样品的性质及干燥箱耐压能力不同而进行调整。如AOAC法中干燥条件为咖啡3.3 kPa和98~100 ℃、奶粉13.3 kPa和100 ℃、干果和坚果制品13.3 kPa和95~100 ℃、糖和蜂蜜6.7 kPa和60 ℃。

②受热后易分解的样品则可以不超过1~3 mg的减量值为恒重标准。

4. 思考题

①减压干燥法测定样品的水分含量的优缺点是什么?

②如何弥补真空条件下热量传导不好的问题?

蒸馏法测定香辛料中的水分含量

1. 技术原理

依据食品中水分的物理化学性质,利用水分测定器将食品中的水分与甲苯或二甲苯共同蒸出,样品中水分的含量可以根据接收水的体积计算。本方法适用于油脂、香辛料等含较多其他挥发性物质的食品。

2. 仪器

蒸馏式水分测定器(见图2-1)、分析天平等。

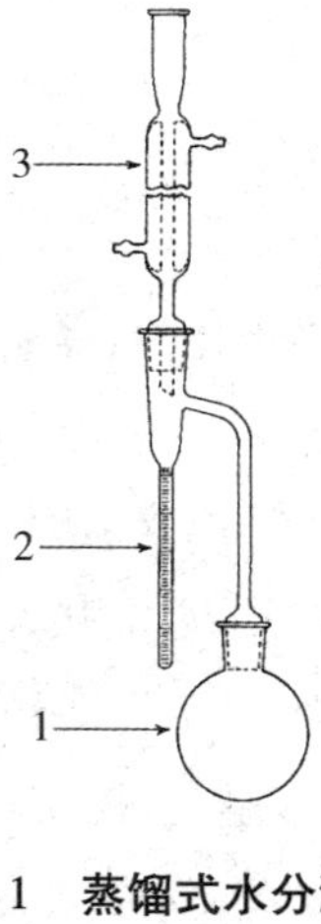

图2-1 蒸馏式水分测定器

1-蒸馏瓶;2-刻度水分接收管;3-冷凝管

3. 实训步骤

(1)试样的蒸馏

准确称取适量试样(应使最终蒸出的水在2~5 mL,但最多取样量不得超过蒸馏瓶的2/3),放入250 mL锥形瓶中,加入新蒸馏的甲苯(或二甲苯)75 mL,连接冷凝管与水分接收管,从冷凝管顶端注入甲苯,装满水分接收管。

缓慢加热蒸馏,馏出液每秒2滴,待蒸出大部分水分后,加快蒸馏速度,大约每秒4滴,待水分接收管内的水分体积保持恒定时,从冷凝管顶端加入甲苯冲洗。如有水滴附着于冷凝管壁上,可用带有小橡皮头的铜丝擦下,再蒸馏片刻至水分接收管上部及冷凝管壁无水滴附着,蒸馏终点的判断标准为水分接收管水平面保持10 min不变,此时,读取水分接收管水层的容积。

(2)分析结果的表述

样品中水分含量按式(2-2)计算。

$$X = \frac{V}{m} \times 100 \qquad (2-2)$$

式中:X——每100 g样品中水分的含量,mL(或按水在20 ℃的密度0.998 2 g/mL计算质量);V——水分接收管内水的体积,mL;m——样品的质量,g。

结果表示为在相同条件下测定得到的两次独立结果的算术平均值,保留三位有效数字。

(3)精密度

在相同操作条件下得到的两次独立测定结果的绝对差值低于算术平均值的10%。

(4)说明及注意事项

①该方法适用于谷物、干果、油类、香料等样品,尤其是香料,该法分析结果准确。

②对热不稳定的食品,常选用苯、甲苯等低沸点的溶剂。

③对脱水洋葱和脱水大蒜等既含有糖分又能分解释放水分的样品,宜选用苯做溶剂。

④必须使用无水的甲苯,将甲苯通过氯化钙或无水硫酸钠吸水后过滤,再蒸馏,将最初馏出液弃去,收集的澄清透明溶液即为无水甲苯。

⑤通过添加少量戊醇和异丁醇来阻止乳浊液的出现。

⑥必须使用清洗干净的仪器,避免水分接收管和冷凝管上附着水珠。

4. 思考题

试分析蒸馏法测量产生误差的原因。

卡尔·费休法测定食品中的微量水分含量

1. 技术原理

碘能与水和二氧化硫发生化学反应,在有吡啶和甲醇共存时,1 mol 碘只与1 mol 水作用,反应式如下:

$$C_5H_5N \cdot I_2 + C_5H_5N \cdot SO_2 + C_5H_5N + H_2O + CH_3OH \longrightarrow 2C_5H_5N \cdot HI + C_5H_6N[SO_4CH_3]$$

2. 仪器和试剂

仪器:卡尔·费休水分测定仪、分析天平等。

试剂:卡尔·费休试剂、无水甲醇。

3. 实训步骤

(1)滴定法

在反应瓶中加一定体积(浸没铂电极)的甲醇,在搅拌下用卡尔·费休试剂滴定至终点。加入 10 mg 水(精确至 0.000 1 g),滴定至终点并记录卡尔·费休试剂的用量(V)。卡尔·费休试剂的滴定度按式(2-3)计算:

$$T = \frac{m}{V} \tag{2-3}$$

式中:T——卡尔·费休试剂的滴定度,mg/mL;m——水的质量,mg;V——滴定水消耗的卡尔·费休试剂的体积,mL。

(2)样品前处理

能粉碎的固体样品要尽量粉碎,使其均匀。不易粉碎的样品可切碎处理。

(3)样品中水分的测定

反应瓶中加入一定体积的甲醇或卡尔·费休测定仪中规定的溶剂,在搅拌条件下,用卡尔·费休试剂滴定至终点。迅速将易溶于上述溶剂的样品直接加入滴定杯中;对于不易溶解的样品,应对滴定杯进行加热或加入已测定水分的其他溶剂辅助溶解,然后用卡尔·费休试剂滴定至终点。部分样品滴定需要较长时间时,需扣除其漂移量(D)。

(4)漂移量的测定

在滴定杯中加入与测定样品一致的溶剂,并滴定至终点,放置不少于 10 min 后再滴定至终点,两次滴定之间的单位时间内的体积变化即为漂移量。

(5)分析结果的表述

固体样品中水分的含量按式(2-4)、液体样品中水分的含量按式(2-5)进行计算。

$$\omega = \frac{(V_1 - D \times t) \times T}{m} \times 100 \qquad (2-4)$$

$$\omega = \frac{(V_1 - D \times t) \times T}{V_2\rho} \times 100 \qquad (2-5)$$

式中：ω——每100 g样品中水分的含量，g；V_1——滴定样品时卡尔·费休试剂的体积，mL；T——卡尔·费休试剂的滴定度，g/ mL；m——样品质量，g；V_2——液体样品的体积，mL；D——漂移量，mL/min；t——滴定时所消耗的时间，min；ρ——液体样品的密度，g/mL。

每100 g样品水分含量大于等于1 g时，计算结果保留三位有效数字；每100 g样品水分含量小于1 g时，计算结果保留两位有效数字。

(6)精密度

在重复性条件下获得的两次独立测定结果的绝对差值不得超过算术平均值的10%。

(7)说明及注意事项

①该法不适于能与卡尔·费休试剂的主要成分反应并生成水的样品以及能还原碘或氧化碘化物的样品中水分的测定。

②食品中含有的氧化剂、还原剂、碱性氧化物、氢氧化物、碳酸盐、硼酸等，都会与卡尔·费休试剂所含组分起反应，干扰测定。

4. 思考题

试分析卡尔·费休法测量产生误差的原因。

实训项目三

食品中灰分含量的测定

1. 课前预习

(1)灰分在食品中的存在形式及其测定的重要意义。

(2)灰分的基本分类形式及其反映特性与常规含量范围。

2. 能力要求

熟练掌握GB 5009.4—2016食品中灰分的测定方法。

3. 术语与定义

高温灼烧时将产生一系列物理和化学变化，最后成分挥发逸散，而无机盐和氧化物等主要无机成分残留下来,这些残留物称为灰分。

燕麦或茶总灰分含量的测定

1. 技术原理

称取一定质量粉碎的样品,装入已称重的坩埚中,高温电炉灼烧(燕麦 550 ± 10 ℃,茶 525 ±25 ℃)至恒重后,减去坩埚重,即为所测样品的灰分含量。

2. 仪器和试剂

仪器:粉碎磨、坩埚、马弗炉、干燥器以及分析天平等。

试剂:盐酸(1:1 或 1:4)、五氧化二磷、乙醇、硝酸、过氧化氢等。

3. 实训步骤

(1)坩埚的准备

将坩埚于马弗炉下灼烧 0.5 h,冷至 200 ℃以下后取出,放入干燥器中冷至室温,精密称量,并重复灼烧至恒重,精确至 0.1 mg。

(2)样品的准备

称取平行样两份(燕麦 3 ±0.1 g,茶 2 ±0.1 g)于已知质量的坩埚中,准确到 0.2 mg。

(3)炭化

为了使样品灰化均匀,加乙醇溶液(2 mL)湿润样品,然后将装有样品的坩埚置于低温电炉上,坩埚盖子倾斜留一小缝,期间要控制温度。加热过程中避免明火燃烧,防止样品的固体微粒喷出,充分炭化至无烟为止。坩埚中的内容物呈灰色时取下坩埚,置于石棉网上冷却后加入 8 滴 H_2O_2 和 2 ~4 滴硝酸,用电炉余热蒸干后再加热至内容物呈白色或灰白色。

(4)灰化

待炭化完全后,将坩埚移入马弗炉内,关闭炉门。继续灰化至全部样品包括残留物中的炭粒灼烧完全,900 ℃至少灰化 1 h,550 ℃至少灰化 4 h。

灰化完全后,从马弗炉内取出坩埚,置于干燥器内冷却。因灰分的吸湿性,坩埚达到室温后(金属坩埚需放置 15 ~20 min,石英或硅石坩埚需放置 30 ~60 min),立即快速称量,精确至 0.1 mg。随后再放入高温电炉灼烧 30 min,称重,两次相差不大于 0.5 mg。

(5)分析结果的表述

$$\omega(\text{干基}) = \frac{m_1 - m_2}{(m_3 - m_2)(100\% - X_2)} \times 100\% \qquad (3-1)$$

式中:ω——样品中灰分的含量;m_1——坩埚和灰分的质量,g;m_2——坩埚的质量,g;m_3——坩埚和样品的质量,g;X_2——样品水分的含量。

(6)精密度

在同一实验室内,用相同的方法,对同一样品,由同一个操作人员使用同一台设备,相继获得的两次独立测定结果之间的绝对差值超过下列重复限 r 的情况不大于5%。其中 S_r 是重复性的标准差。当 $0.49\% < X \leqslant 1.00\%$ 时,$r = 2.8 \times 0.009 = 0.025$;当 $1.00\% < X \leqslant 2.53\%$ 时,$r = 2.8 \times 0.012 = 0.034$。

(7)说明及注意事项

①为加快灰化进程,缩短灰化时间,可向灰化的样品中加入乙酸铵等纯净疏松的物质,或加入等量的乙醇等。

②炭化时若出现膨胀,可滴数滴橄榄油,炭化时为避免样品溅出,应先用小火。

③样品粉碎度不宜过细,且样品在坩埚内不得放得很紧,炭化要缓慢进行,温度要重新升高氧化,以免氧化不足或样品被气流吹逸,同时也会引起磷、硫的损失。

④灼烧完毕后先将高温电炉电源关闭,开打炉门,待温度降至300 ℃左右可取出坩埚。

⑤取出时须在炉口稍加冷却,否则坩埚容易因骤冷而破裂。

4. 思考题

(1)可采取什么措施加速难灰化样品的灰化?

(2)样品灰化测定中,如何选用灰化容器和确定取样量、灰化温度以及灰化时间?

燕麦或茶水溶性及水不溶性灰分含量的测定

1. 技术原理

用热水提取总灰分,经无灰滤纸过滤、灼烧、称量残留物,则得水不溶性灰分;总灰分和水不溶性灰分的质量之差则为水溶性灰分。

2. 仪器和试剂

无灰滤纸,其他同总灰分含量的测定。

3. 实训步骤

(1)总灰分含量的测定

同总灰分含量的测定。

(2)测定

用25 mL热蒸馏水,将灰分从坩埚中洗入100 mL烧杯中,随后加热至微沸(防溅),趁热用无灰滤纸过滤,用热蒸馏水多次洗涤烧杯和滤纸上的残留物,直至滤液和洗液体积达150 mL。将滤纸连同残留物放入原坩埚中,沸水浴上蒸去水分后移入马弗炉内,以525±25 ℃灼烧至灰中无炭粒(约1 h)。待炉温降至300 ℃左右时,取出坩埚,放入干燥器内冷却至室温,称重后复烧30 min,取出坩埚,冷却,恒量并称量。

(3)分析结果的表述

$$水不溶性灰分 = \frac{m_1 - m_2}{m_0 \times m} \times 100\% \qquad (3-2)$$

式中:m_1——坩埚和水不溶性灰分的质量,g;m_2——坩埚的质量,g;m_0——样品的质量,g;m——样品干物质含量。

$$水溶性灰分 = \frac{m_1 - m_2}{m_0 \times m} \times 100\% \qquad (3-3)$$

式中:m_1——总灰分的质量,g;m_2——水不溶性灰分的质量,g;m_0——样品的质量,g;m——样品干物质含量。

(4)精密度

同一样品的两次测定值之差,每100 g样品不得超过0.2 g。

(5)说明及注意事项

热蒸馏水洗涤时应少量多次,避免损失。

4. 思考题

进行样品中酸不溶性灰分测定应做哪些准备?请设计实验操作步骤。

实训项目四
牛乳新鲜度的常规测定

1. 课前预习

(1)牛乳酸度的表征形式及其测定重要意义。

(2)牛乳酸度的主要分类及常规含量范围。

2. 能力要求

(1)熟练掌握新鲜牛乳酸度的测定方法。

(2)掌握牛乳新鲜度与酸度的关系。

(3)熟悉几种感官检测牛乳新鲜度的基本操作技能。

(4)熟悉 GB 5009.239—2016 中食品酸度的测定方法。

3. 术语与定义

外表酸度又称固有酸度,是指刚挤出来的新鲜牛乳本身所具有的酸度,占 0.15% ~0.18%(以乳酸计);真实酸度也称发酵酸度,是指牛乳在放置过程中,乳酸菌发酵乳糖产生乳酸而升高的那部分酸度;°T 是指 100 mL 牛乳样品消耗 0.100 0 mol/L氢氧化钠的体积(mL)。新鲜牛乳的酸度为 16 ~18 °T。

牛乳酸度的测定

1. 技术原理

$$RCOOH + NaOH \longrightarrow RCOONa + H_2O$$

此反应为中和反应,用酚酞做指示剂,无色的酚酞与碱作用时,生成酚酞盐,同时失去一分子水,引起醌型重排而呈现红色,它在 pH 约 8.2 时,就确定了游离酸中的终点。

2. 仪器和试剂

仪器:锥形瓶、刻度吸管、微量滴定管等。

试剂:酚酞乙醇溶液(0.5%)、氢氧化钠标准溶液(0.1 mol/L)以及邻苯二甲酸氢钾等。

3. 实训步骤

(1)氢氧化钠的标定

将邻苯二甲酸氢钾于 120 ℃干燥箱中放置约 1 h 干燥至恒重后冷却 25 min,称取 0.3 ~0.4 g(精确到 0.000 1 g),放入 250 mL 锥形瓶中,加入 100 mL 水溶解,加 3 滴酚酞指示剂,用上述配好的氢氧化钠标准溶液滴定至微红色、30 s 不褪色为止。

按式(4 -1)计算氢氧化钠标准溶液的当量浓度。

$$N = \frac{m}{V \times 0.204\ 2} \tag{4-1}$$

式中:N——氢氧化钠标准溶液的当量浓度;V——滴定时消耗氢氧化钠的体积,mL;m——邻苯二甲酸氢钾的质量,g;0.204 2——与 1 mol/L 氢氧化钠溶液 1 mL 相当的邻苯二甲酸氢钾的克数。

(2)牛乳酸度的测定

将 10 mL 牛乳注入 250 mL 锥形瓶中,加蒸馏水 20 mL,加 0.5% 酚酞指示剂

0.5 mL,小心混匀,用0.1 mol/L 氢氧化钠标准溶液滴定,直至微红色在1 min内不消失为止。消耗0.1 mol/L 氢氧化钠标准溶液的毫升数乘以10,即得酸度。

$$°T = V \times 10 \quad (4-2)$$

(3)精密度

在重复性条件下获得的两次独立测定结果的绝对差值不得超过1.0 °T。

(4)说明及注意事项

①若牛乳酸度在0.18% ~0.20%,说明该牛乳受到了影响;若大于0.20%,说明该牛乳为不新鲜牛乳。

②牛乳酸度指外表酸度与真实酸度之和。

4. 思考题

牛乳的滴定度与牛乳的新鲜程度有何关系?

牛乳新鲜度的感官评测

1. 技术原理

通过感官手段,直接或借助煮沸(或乙醇)的外界条件,评测牛乳的新鲜程度。

2. 仪器和试剂

乙醇:68%、70%、72%。

其他同牛乳酸度的测定。

3. 实训步骤

(1)感官鉴别

①将新鲜牛乳滴入清水中,若化不开则为新鲜牛乳,否则就不新鲜。

②盛装新鲜牛乳的容器上部有稀薄的现象或底部有沉淀是不新鲜的。

③将新鲜牛乳滴在指甲上,呈球形的是新鲜牛乳,落在指甲上流去的不新鲜。

④有挂杯现象但不持久的为新鲜牛乳,无此现象则为不新鲜。

(2)煮沸实验

取约10 mL牛乳,放入试管中,置于沸水浴中5 min,取出观察管壁有无絮片出现或发生凝固现象。如产生絮片或发生凝固,表示牛乳已不新鲜,具体酸度及凝固条件见表4-1。

表 4－1　牛乳酸度与凝固条件对应表

酸度/°T	凝固条件	酸度/°T	凝固条件
18	煮沸不凝固	40	加热到 65 ℃凝固
22	煮沸凝固	50	加热到 40 ℃凝固
26	煮沸凝固	60	22 ℃自行凝固
28	煮沸凝固	65	16 ℃自行凝固
30	加热到 77 ℃凝固	—	—

(3)乙醇检验

于试管内用等量的乙醇(中性)与牛乳混合(一般用 1 ~2 mL 等量混合),振荡后不出现絮片的牛乳符合表 4－2 酸度标准,出现絮片的牛乳为乙醇实验阳性乳,表示其酸度较高。

实验温度以 20 ℃为标准,不同温度需进行校正。根据收乳标准,采用 68%、70% 和 72% 的乙醇。

表 4－2　乙醇浓度与牛乳酸度的对应关系

乙醇浓度/%	不出现絮片的酸度
68	20 °T 以下
70	19 °T 以下
72	18 °T 以下

(4)说明及注意事项

牛乳的掺假对感官评测结果具有较大的影响。

4. 思考题

牛乳的新鲜度受哪些外界因素的影响?

实训项目五
食品中总酸度的测定

1. 课前预习

(1)食品中酸度的表征形式及其测定重要意义。

(2)食品中有机酸的主要分类。

(3)果品蔬菜中主要有机酸的含量范围。

2. 能力要求

(1)掌握食品中总酸度的测定方法。

(2)学会 GB/T 12456—2008 食品中总酸度的测定的基本操作技能。

3. 术语与定义

总酸度是指食品中所有酸性成分的总量,它包括未离解的酸的浓度和已离解的酸的浓度,其大小可借滴定法来确定,故又称为"可滴定酸度"。

酸碱滴定法测定食品中的总酸度

1. 技术原理

根据酸碱中和原理,用碱液滴定试液中的酸,以酚酞为指示剂确定滴定终点,按碱液的消耗量计算食品中的总酸度含量。

2. 仪器和试剂

仪器:组织捣碎机、水浴锅等。

试剂:氢氧化钠标准滴定溶液(0.1 mol/L)、酚酞指示剂(1%)等。

3. 实训步骤

(1)样品的制备

①液体样品

不含二氧化碳的样品充分混匀。含二氧化碳的样品经旋摇及水浴排除二氧化碳。啤酒中的二氧化碳按 GB/T 4928—2008 规定的方法除去。

②固体样品

不可食用部分去除后取至少 200 g 有代表性的样品,置于研钵或组织捣碎机中,加入与样品等量的水,研碎或捣碎,混匀。面包取样时,取其中心部分,充分混匀,直接制备供试液。

③固、液体样品

根据样品的固、液体比例至少取样品 200 g,去除不可食用部分,研碎或捣碎,混匀。

(2)试液的制备

取样品 25 ~50 g(精确至 0.001 g),置于 250 mL 容量瓶中,用水稀释至刻度,含固体的试液至少放置 30 min,期间摇动 2 ~3 次。用快速滤纸或脱脂棉过滤,滤液收集于

250 mL 锥形瓶中备用。

总酸度低于0.7 g/kg 的液体样品，混匀后可直接取样测定。

(3)样品测定

取试液25.00～50.00 mL，使之含酸0.035～0.070 g，置于150 mL 烧杯中。加水40～60 mL 和1%酚酞指示剂0.2 mL，用0.1 mol/L 氢氧化钠标准滴定溶液（如样品酸度较低，可选用0.01 mol/L 或0.05 mol/L 氢氧化钠标准滴定溶液）滴定至微红色30 s不褪色。记录浓度为0.1 mol/L 氢氧化钠标准滴定溶液消耗的毫升数(V_1)。同一被测样品测定两次。

(4)空白实验

用水代替试液。记录消耗0.1 mol/L 氢氧化钠标准滴定溶液的毫升数(V_2)。

(5)分析结果的表述

总酸以每千克（或每升）样品中酸的克数表示，按式(5－1)计算：

$$X = \frac{c \times (V_1 - V_2) \times K \times F}{m} \times 1\ 000 \tag{5-1}$$

式中：X——每千克（或每升）样品中酸的克数，g/kg（或 g/L）；c——氢氧化钠标准滴定溶液的浓度，mol/L；V_1——滴定试液时消耗氢氧化钠标准滴定溶液的体积，mL；V_2——空白实验消耗氢氧化钠标准滴定溶液的体积，mL；F——试液的稀释倍数；m（或为 V）——试样质量（或体积），g（或 mL）；K——酸的换算系数。

各种酸的换算系数分别为：苹果酸，0.067；乙酸，0.060；酒石酸，0.075；柠檬酸，0.06；柠檬酸（含一分子结晶水），0.070；乳酸，0.090；盐酸，0.036；磷酸，0.033。

(6)精密度

同一样品的两次测定值之差，不得超过两次测定值的2%。

(7)说明及注意事项

①计算结果精确到小数点后第二位。

②为使误差不超过允许范围，一般要求滴定时消耗的0.1 mol/L 氢氧化钠溶液不得少于5 mL，最好在10～15 mL。

4. 思考题

①试分析以酚酞作为指示剂的合理性。

②遇到颜色较深的样品，应采用什么方法预处理或是采用什么方法测定总酸度？

电位滴定法测定食品中的总酸度

1. 技术原理

根据酸碱中和原理，用碱液滴定样品试液中的酸，根据电位的“突跃”判断滴定终点。根据碱液的消耗量计算食品中的总酸含量。

2. 仪器

仪器:酸度计(pH 计,配玻璃电极和甘汞电极)。

其他同酸碱滴定法。

3. 实训步骤

(1)样品的制备

同酸碱滴定法。

(2)果蔬制品、饮料、乳制品、酒、淀粉制品、调味品等总酸度的测定

取试液 20.00 ~ 50.00 mL,使之含酸 0.035 ~ 0.070 g,置于 150 mL 烧杯中,加水 40 ~ 60 mL。接通酸度计电源,待指针稳定后,用 pH = 8.0 的缓冲溶液校正酸度计。将盛有试液的烧杯放到电磁搅拌器上,将玻璃电极及甘汞电极浸入试液的适当位置。按下 pH 读数开关,开动搅拌器,迅速用 0.1 mol/L 氢氧化钠标准滴定溶液(如样品酸度太低,可用 0.01 mol/L 或 0.05 mol/L 氢氧化钠标准滴定溶液)滴定,并随时观察溶液 pH 的变化,接近终点时,应放慢滴定速度。一次滴加半滴(最多一滴),直至溶液的 pH 达到指定终点。记录消耗氢氧化钠标准滴定溶液的毫升数(V_1)。同一被测样品须测定两次。

(3)蜂产品总酸度测定

称取约 10 g 混合均匀的样品,精确至 0.001 g,置于 150 mL 烧杯中,加水 80 mL,以下按上述(2)操作。用 0.05 mol/L 氢氧化钠标准滴定溶液以 5.0 mL/min 速度滴定。当 pH 达到 8.5 时停止滴加,然后一次加入 10 mL 0.05 mol/L 氢氧化钠标准滴定溶液。记录消耗 0.05 mol/L 氢氧化钠标准滴定溶液的总毫升数(V_1)。立即用 0.05 mol/L盐酸标准滴定溶液反滴定至 pH 为 8.2。记录消耗 0.05 mol/L 盐酸标准滴定溶液的毫升数(V_3)。同一被测样品须测定两次。

(4)空白实验

用水代替试液做空白实验,记录消耗氢氧化钠标准滴定溶液的总毫升数(V_2)。

(5)滴定终点 pH 判断

柠檬酸、苹果酸和乙酸,pH 值为 8.0 ~ 8.1;酒石酸、乳酸和盐酸,pH 值为 8.1 ~ 8.2;磷酸,pH 值为 8.7 ~ 8.8。

(6)分析结果的表述

总酸度以每千克(或每升)样品中酸的克数表示,按式(5 - 2)计算。

$$X = \frac{[c_1 \times (V_1 - V_2) - c_2 \times V_3] \times K \times F}{m} \times 1\,000 \qquad (5-2)$$

式中:X——每千克(或每升)样品中酸的克数,g/kg(g/L);c_1——氢氧化钠标准滴定溶液的浓度,mol/L;c_2——盐酸标准滴定溶液的浓度,mol/L;V_1——滴定试液时

消耗氢氧化钠标准滴定溶液的体积,mL;V_2——空白实验时消耗氢氧化钠标准滴定溶液的体积,mL;V_3——反滴定时消耗盐酸标准溶液的体积,mL;F——试液的稀释倍数;m(或为 V)——试样质量(或体积),g(或 mL);K——酸的换算系数。各种酸的换算系数同酸碱滴定法。

(7)精密度

同一样品的两次测定值之差,不得超过两次测定值的2%。

(8)说明及注意事项

①新电极或很久未用的干燥电极,必须预先浸在蒸馏水或0.1 mol/L盐酸溶液中24 h以上。

②甘汞电极中氯化钾为饱和溶液,为避免在室温升高时,氯化钾变为不饱和,建议加入少许氯化钾晶体。

③若电极玻璃膜上有油污,则将玻璃电极依次浸入乙醇、丙酮中清洗,最后用蒸馏水冲洗干净。

4. 思考题

试分析电位滴定法测定食品总酸度的优越性。

实训项目六
食品中粗脂肪含量的测定

1. 课前预习

(1)食品中脂类的存在形式及其测定重要意义。

(2)食品中的脂类、总脂以及脂肪三者含量的关联。

(3)食品中粗脂肪含量测定的几种常见方法及含量范围。

2. 能力要求

(1)掌握经典索氏提取法测定食品中粗脂肪的方法,掌握质量分析的基本操作,包括样品处理、烘干、恒重等。

(2)熟悉GB 5009.6—2016食品中脂肪的测定方法。

(3)了解GB/T 6433—2006 饲料中粗脂肪的测定方法的基本操作过程。

3. 术语与定义

脂类通常包括脂肪(三酰甘油)和一些类脂质,如脂肪酸、磷脂、糖脂以及固醇等。

索氏提取法测定食品中的粗脂肪

1. 技术原理

本法为质量法,即采用适当溶剂将脂肪提出后进行称量,该法适用于固体和液体样品。通常将样品浸于脂肪溶剂如无水乙醚或沸点 30 ~ 60 ℃的石油醚中,利用索氏提取器进行循环抽提。用本法提取得到的是脂肪类物质的混合物,其中含有脂肪、游离脂肪酸、磷脂、酯、固醇、芳香油、某些色素及有机酸等,故称为粗脂肪。

2. 仪器和试剂

仪器:索氏提取装置(见图 6 - 1)、电热恒温鼓风干燥箱、恒温水浴箱以及干燥器等。

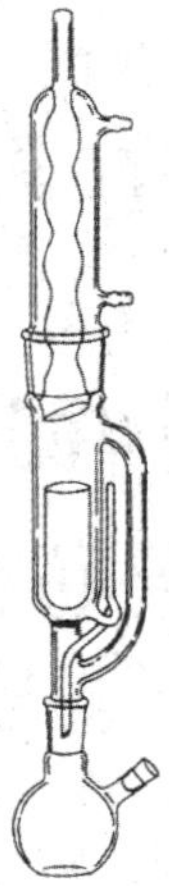

图 6 - 1 索氏提取装置

试剂:无水乙醚、石油醚(沸点 30 ~ 60 ℃)、滤纸筒、海砂以及脱脂棉等。

3. 实训步骤

(1)样品的制备

①固体样品:准确称取均匀样品 2 ~ 5 g(精确至 0.01 mg),必要时伴以海砂研细,无损地将样品转入滤纸筒内。

②液体或半固体:准确称取均匀样品 5 ~ 10 g(精确至 0.01 mg),放入蒸发皿中,加海砂约 20 g,搅匀后在沸水浴上蒸干,然后在 95 ~ 105 ℃下干燥。研细后全部转入滤纸筒内,并用蘸有乙醚的脱脂棉擦净所用器皿,将棉花也放入滤纸筒内。

(2)索氏提取器的清洗

充分洗涤索氏提取器各部位并用蒸馏水清洗后干燥箱干燥。脂肪烧瓶在干燥箱内(103 ±2 ℃)干燥至恒重(前后两次称量差不超过2 mg)。

(3)样品测定

①滤纸筒放入索氏提取器的抽提筒内,连接已干燥至恒重的脂肪烧瓶,提取溶剂乙醚或石油醚从抽提器冷凝管上端加入,至瓶内容积的2/3处,通入冷凝水,水浴加热,冷凝管上口用一小团脱脂棉轻轻封口。

②抽提温度的控制:水浴温度应控制在使提取液每6 ~8 min回流一次为宜。

③抽提时间的控制:抽提时间视样品中粗脂肪含量而定,一般样品需提取6 ~12 h,坚果样品提取约16 h。提取结束后,用毛玻璃板接取一滴提取液,如无油斑则说明提取完毕。

④提取完毕。取下脂肪烧瓶,回收乙醚或石油醚。烧瓶内乙醚剩下1 ~2 mL时,在水浴上赶尽残留的溶剂,于95 ~105 ℃下干燥2 h后置于干燥器中冷却至室温,称量。继续干燥30 min后再冷却称量,反复干燥至恒重(前后两次称量差不超过2 mg)。

(4)分析结果的表述

恒重后按式(6 -1)计算样品的粗脂肪含量。

$$\omega = \frac{m_1 - m_0}{m} \times 100\% \tag{6-1}$$

式中:ω——样品中粗脂肪的质量分数;m——样品的质量,g;m_0——脂肪烧瓶的质量,g;m_1——脂肪和脂肪烧瓶的质量,g。

(5)精密度

在重复性条件下获得的两次独立测定结果的绝对差值不得超过算术平均值的10%。

(6)说明及注意事项

①样品应干燥后研细,装样品的滤纸筒要紧密,不能往外漏样品,否则重做。

②滤纸筒的高度不能超过回流弯管,否则乙醚不易穿透样品,脂肪不能全部提出。

③如果是含多量糖及糊精的样品,要先以冷水处理,干燥后同滤纸放入提取器内。

④提取时水浴温度不宜过高,一般使乙醚刚开始沸腾(45 ℃左右)即可。回流速度以每小时8 ~12次为宜。所用乙醚必须是无水乙醚,如有水分则可能将样品中糖以及无机物抽出,造成误差。

⑤冷凝管上端最好连接一个氯化钙干燥管。如无此装置,可塞一团干脱脂棉球代替。

⑥如果没有无水乙醚可以按照如下方法制备:在1 000 mL乙醚中,加入50 g无水石膏,振摇数次,静置10 h以上蒸馏,收集35 ℃以下的蒸馏液,即可使用。

⑦将提取瓶放在干燥箱内干燥时,瓶口向一侧倾斜45 ℃放置,使挥发物乙醚易与空气形成对流,这样能够迅速干燥。

⑧样品及醚提取物在干燥箱内干燥时间不宜过长,因为一些不饱和程度高的脂肪酸,容易在加热过程中被氧化成不溶于乙醚的物质;中等不饱和脂肪酸,受热容易被氧

化而增加质量。在没有真空干燥箱的条件下,可在 100~105 ℃干燥 1.5~3 h。

⑨如果没有乙醚或无水乙醚,可以用石油醚提取,石油醚沸点 30~60 ℃为宜。在挥发乙醚或石油醚时,切忌直接用明火加热。

⑩粮食中脂肪含量的测定不能以石油醚代替乙醚,因它不能溶解全部的植物脂类物质。

4. 思考题

(1)如何提高测定结果的准确性?

(2)对于富含油脂的油料食品,如松子、油葵等食品,应如何处理?

(3)无水乙醚中过氧化物如何快速鉴别?

实训项目七
氨基酸总量的测定

1. 课前预习

(1)食品中氨基酸的组成形式及基本性质。

(2)食品中氨基酸含量测定的几种常见方法。

2. 能力要求

(1)掌握单指示剂与双指示剂甲醛滴定法测定食品中氨基酸的基本操作技能。

(2)学习电位滴定法测定食品中氨基酸总量的基本原理和操作方法。

(3)了解 GB/T 8314—2013 茶游离氨基酸总量测定的基本方法。

(4)了解 GB 5009.124—2016 食品中氨基酸测定的基本方法。

3. 术语与定义

氨基酸是一类含有一个碱性氨基和一个酸性羧基的有机化合物的通称,是大分子蛋白质的基本组成单位。

单指示剂甲醛滴定法测定食品中的氨基酸总量

1. 技术原理

氨基酸具有酸、碱两重性质,因为氨基酸含有—COOH 显示酸性,又含有—NH_2 显示碱性。由于这两个基团的相互作用,氨基酸成为中性的内盐。当加入甲醛溶液时,—NH_2 与甲醛结合,其碱性消失,破坏内盐的存在,就可用碱来滴定—COOH,以间接方法测定氨基酸的量。

2. 试剂

中性甲醛溶液、百里酚酞乙醇溶液(1 g/L)、氢氧化钠标准溶液(0.1 mol/L)。

3. 实验步骤

(1)测定

称取一定量样品(含 20 mg 左右的氨基酸)于烧杯中(如样品为固体则加 50 mL 水),加 2~3 滴指示剂,用 0.1 mol/L 氢氧化钠标准溶液滴定至淡蓝色。加入 20 mL 中性甲醛,摇匀,静置 1 min,此时蓝色应消失。再用 0.1 mol/L 氢氧化钠标准溶液滴定至淡蓝色。

(2)实验结果记录

记录第二次滴定所消耗的氢氧化钠标准溶液的毫升数。

(3)分析结果的表述

$$\text{氨基酸态氮} = \frac{c \times V \times 0.014}{m} \times 100\% \qquad (7-1)$$

式中:c——氢氧化钠标准溶液浓度,mol/L;V——氢氧化钠标准溶液第二次消耗的量,mL;m——样品溶液相当于样品质量,g;0.014——氮的毫克当量,g/mmol。

(4)精密度

同一样品的两次测定值之差,不得超过两次测定值的 2%。

(5)说明及注意事项

①该法简单易行、方便、快速。此法常用在发酵工业中测定发酵液中氨基氮含量的变化,来了解可被微生物利用的氮源的量及利用情况,并以此作为控制发酵生产的指标之一。

②脯氨酸与甲醛作用时产生不稳定的化合物,使结果偏低。

③酪氨酸含有酚羟基,滴定时也会消耗碱,导致结果偏高。

④溶液中若有铵存在,铵也会与甲醛反应,使结果偏高。

4. 思考题

造成单指示剂甲醛滴定法测定食品中的氨基酸总量时产生误差的因素都有哪些?

双指示剂甲醛滴定法测定食品中的氨基酸总量

1. 技术原理

本法使用了两种指示剂。从分析结果看,双指示剂甲醛滴定法与亚硝酸氮气容量法(此法操作复杂,不做介绍)相近,较单指示剂甲醛滴定法稍偏低,主要因为单指示剂甲醛滴定法是以氨基酸溶液 pH 值作为百里酚酞的终点,pH 值在 9.2,而双指示剂甲醛滴定法以氨基酸溶液的 pH 值作为中性红的终点,pH 值为 7.0,理论计算看,双指示剂甲醛滴定法准确。

2. 仪器和试剂

除非另有规定,本方法中所用试剂均为分析纯。

中性甲醛溶液、百里酚酞乙醇溶液(1 g/L)、氢氧化钠标准溶液(0.1 mol/L)、中性红(50% 乙醇溶液)。

3. 实训步骤

(1)测定

吸取含氨基酸 20 ~ 30 mg 的样品溶液 2 份,分别注入 250 mL 锥形瓶中, 各加蒸馏水 50 mL,一份加入 2 ~ 3 滴中性红指示剂,用 0.1 mol/L 氢氧化钠标准溶液滴定终点(由红色变琥珀色),另一份加入 3 滴百里酚酞乙醇溶液和 20 mL 中性甲醛溶液,摇匀,静置 1 min,用 0.1 mol/L 氢氧化钠标准溶液滴定至淡蓝色。

(2)实验结果记录

分别记录两次滴定所消耗氢氧化钠标准溶液毫升数。

(3)分析结果的表述

$$氨基酸态氮 = \frac{c \times (V_2 - V_1) \times 0.014}{m} \times 100\% \qquad (7-2)$$

式中:c——氢氧化钠标准溶液浓度,mol/L;V_1——用百里酚酞为指示剂时氢氧化钠标准溶液消耗的量,mL;V_2——用中性红做指示剂时氢氧化钠标准溶液消耗的量,mL;m——样品溶液相当于样品质量,g;0.014——氮的毫克当量,g/mmol。

(4)精密度

同一样品的两次测定值之差不得超过两次测定值的 2% 。

(5)说明及注意事项

①同单指示剂甲醛滴定法。

②测定时如果样品颜色较深,可利用活性炭脱色之后再滴定。

4. 思考题

试分析单、双指示剂甲醛滴定法测定食品中的氨基酸总量的优缺点。

电位滴定法测定酱油中的氨基酸总量

1. 技术原理

利用氨基酸两性电解质的性质,加入甲醛固定氨基的碱性,使羧基显示出酸性,用氢氧化钠标准溶液滴定,以酸度计控制滴定终点。

2. 仪器和试剂

仪器:酸度计、磁力搅拌器、微量滴定管等。

试剂:甲醛(36%)、氢氧化钠标准溶液(0.05 mol/L)等。

3. 实训步骤

(1)试样的制备

吸取酱油5.0 mL,加水定容至100 mL。

(2)样品测定

于200 mL烧杯中吸取20 mL试样,加入蒸馏水60 mL,用磁力搅拌器搅拌,待稳定后把酸度计的复合电极小心放入烧杯,用氢氧化钠标准溶液滴定至酸度计指示pH值为8.2,记下消耗氢氧化钠标准溶液的体积。

准确加入10 mL甲醛,混匀,用氢氧化钠标准溶液滴定至pH=9.2,记下消耗氢氧化钠标准溶液的体积。

量取80 mL水,先用氢氧化钠标准溶液调节pH=8.2,再加入10 mL甲醛,用氢氧化钠标准溶液滴定至pH=9.2,作为空白实验。

(3)分析结果的表述

样品中氨基酸态氮含量用式(7-3)计算,结果保留两位有效数字。

$$c=\frac{(V_1-V_2)\times c\times 0.014}{\frac{5}{100}\times 20}\times 100 \qquad (7-3)$$

式中:c——每百毫升样品中氨基酸态氮的含量,g/100 mL;V_1——测定样品在加入甲醛后滴定至终点(pH=9.2)所消耗氢氧化钠标准溶液的体积,mL;V_2——空白实验加入甲醛后滴定至终点所消耗氢氧化钠标准溶液的体积,mL;c——氢氧化钠标准溶液浓度,mol/L;0.014——氮的毫克当量,g/mmol。

(4)精密度

同一样品的两次测定值之差不得超过两次测定值的2%。

(5)说明及注意事项

①本法具有快速、准确的特点,可用于各类食品游离氨基酸含量的测定。

②对固体样品一般应进行粉碎,准确称量后加适量水于50 ℃水浴中萃取0.5 h,再进行检测。

③对于混浊和色泽较深的样品,可不经处理直接测定。

④酸度计应校正,并将电极浸泡在饱和氯化钾溶液。检测用酸度计精确度要求为±0.01 pH。

4. 思考题

(1)检测时加入甲醛的作用是什么?选用何种玻璃仪器加入甲醛?

(2)根据实验结果,探讨产生实验误差的因素。

实训项目八
食品中蛋白质总量的测定

1. 课前预习

(1)食品中蛋白质的组成形式及基本性质。

(2)食品中蛋白质含量测定的几种常见方法。

2. 能力要求

(1)掌握GB 5009.5—2016食品中蛋白质测定的凯氏定氮法基本操作技能。

(2)学会GB 5009.5—2016食品中蛋白质测定的其他基本方法。

3. 术语与定义

凯氏定氮法由Kieldahl于1883年首先提出,可用于测定所有动植物食品的蛋白质含量,但因样品中常含有核酸、生物碱、含氮类脂、卟啉以及含氮色素等非蛋白质的含氮化合物,故测定的是粗蛋白质含量。

凯氏定氮法测定食品中的蛋白质含量

1. 技术原理

样品与浓硫酸和催化剂一同加热消化，使蛋白质分解，碳和氢被氧化成二氧化碳和水逸出，而样品中的有机氮转化为氨，与硫酸结合成硫酸铵。然后加碱蒸馏，使氨蒸出，用硼酸吸收后再以盐酸或硫酸标准溶液滴定。根据标准酸消耗量计算出蛋白质的含量。

2. 仪器和试剂

仪器：分析天平、定氮蒸馏装置（见图8－1）、石墨消解炉、消解管等。

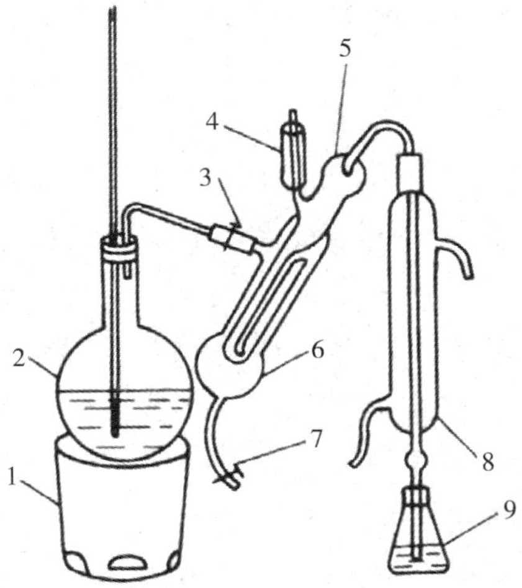

图8－1　凯氏定氮蒸馏装置

1－电炉；2－水蒸气发生器（2 L烧瓶）；3－螺旋夹；4－小玻璃杯及棒状玻璃塞；5－反应室；6－反应室外层；7－橡皮管及螺旋夹；8－冷凝管；9－蒸馏液接收瓶

试剂：硫酸铜、硫酸钾、硫酸、硼酸、甲基红指示剂、溴甲酚绿指示剂、亚甲基蓝指示剂、氢氧化钠、乙醇（95%）、硼酸溶液（20 g/L）、氢氧化钠溶液（400 g/L）、盐酸标准溶液、甲基红乙醇溶液（1 g/L）、亚甲基蓝乙醇溶液（1 g/L）、溴甲酚绿乙醇溶液（1 g/L）、混合指示液（2份甲基红乙醇溶液与1份亚甲基蓝乙醇溶液临用时混合；也可用1份甲基红乙醇溶液与5份溴甲酚绿乙醇溶液临用时混合）。

3. 实训步骤

（1）样品的湿法消化

称取充分混匀的固体样品0.2～2 g、半固体样品2～5 g或液体样品10～25 g（相当于 30 mg ~40 mg 氮），精确至 0.001 g，移入干燥的消解管中，加硫酸铜 0.2 g、硫酸钾 6 g 及硫酸 20 mL，轻摇后置于石墨消解炉上，加盖消解排废系统。小心加热，待内容物全部炭化，泡沫完全消失后，加强火力，并保持瓶内液体微沸，至液体呈蓝绿色并澄清透明后，再继续加热 0.5 ~1 h。取下放冷，小心加入 20 mL 水。放冷后，移入 100 mL容量瓶中，并用少量水洗消解管，洗液并入容量瓶中，再加水至刻度，混匀备用。同时做试剂空白实验。

(2)试样的蒸馏

如图 8 -1 装好定氮蒸馏装置，向水蒸气发生器内装水至 2/3 处，加入玻璃珠数粒，加甲基红乙醇溶液数滴及数毫升硫酸，保持水呈酸性，加热煮沸使水蒸气发生器内的水保持沸腾。

向接收瓶内加入 10 mL 硼酸溶液及 1 ~2 滴混合指示液，并使冷凝管的下端插入液面下，根据样品中氮含量，准确吸取 2 ~10 mL 样品由小玻璃杯注入反应室，用 10 mL水洗涤小玻璃杯并使之流入反应室内，随后塞紧棒状玻璃塞。将 10 mL 氢氧化钠溶液倒入小玻璃杯，提起并缓慢流入反应室，立即盖紧并水封，夹紧螺旋夹，开始蒸馏。

(3)吸收与滴定

蒸馏 10 min 后移动蒸馏液接收瓶，液面离开冷凝管下端，再蒸馏 1 min。然后用少量水冲洗冷凝管下端外部，取下蒸馏液接收瓶。以硫酸或盐酸标准溶液滴定，其中：2 份甲基红乙醇溶液、1 份亚甲基蓝乙醇溶液指示剂，颜色由紫红色变成灰色，pH =5.4；1 份甲基红乙醇溶液、5 份溴甲酚绿乙醇溶液指示剂，颜色由酒红色变成绿色，pH =5.1。同时做试剂空白。

(4)分析结果的表述

样品中蛋白质的含量按式(8 -1)进行计算。

$$\omega = \frac{(V_1 - V_2) \times c \times 0.0140}{m \times \frac{V_3}{100}} \times F \times 100 \tag{8-1}$$

式中：ω——每 100 g 试样中蛋白质的含量，g；V_1——试液消耗硫酸或盐酸标准溶液的体积，mL；V_2——试剂空白消耗硫酸或盐酸标准溶液的体积，mL；V_3——吸取消化液的体积，mL；c——硫酸或盐酸标准溶液浓度，mol/L；0.014 0——1 mL 硫酸[$c(1/2H_2SO_4)$ =1.000 mol/L]或盐酸[$c(HCl)$ =1.000 mol/L]标准溶液相当的氮的质量，g；m——样品的质量，g；F——氮换算为蛋白质的系数（一般食物为 6.25，纯乳与纯乳制品为 6.38，面粉为 5.70，玉米、高粱为 6.24，花生为 5.46，大米为 5.95，大豆及其粗加工制品为 5.71，大豆蛋白制品为 6.25，肉与肉制品为 6.25，大麦、小米、燕麦、裸麦为 5.83，芝麻、向日葵为 5.30，复合配方食品为 6.25）。

以重复性条件下获得的两次独立测定结果的算术平均值表示，每 100 g 样品蛋白质含量大于等于 1 g 时，结果保留三位有效数字；每 100 g 样品蛋白质含量小于 1 g 时，结果保留两位有效数字。

(5)精密度

在重复性条件下获得的两次独立测定结果的绝对差值不得超过算术平均值的10%。

(6)说明及注意事项

①所用试剂配制溶液时应用不含氨的蒸馏水。

②消化时不要用强火,应保持缓慢沸腾,以免黏附在消解管内壁上的含氮化合物在无硫酸存在的情况下未消化完全而造成氮损失。消化过程要经常拨动消解管,以利用冷凝酸液将附在瓶壁上的固体残渣洗下并促进其消化完全。

③若样品中含脂肪或糖较多时,在消化过程中容易产生大量泡沫,为防止泡沫外溢,在开始消化时应用小火加热,并不停摇动;或者加入少量辛醇或液状石蜡或硅油消泡剂,同时注意控制热源强度;若样品消化液不易澄清透明,可冷却,并加入30% H_2O_2 2~3 mL后再继续加热消化。

④若干样品超过5 g,可按每克样品5 mL的比例增加硫酸用量。

⑤一般消化至透明后,继续消化30 min即可,但对于含有赖氨酸、组氨酸、色氨酸、酪氨酸或脯氨酸等特别难以氨化的氮化合物的样品时,需适当延长消化时间,有机物如分解完全,消化液呈蓝色或浅绿色,但含铁量多时,溶液呈深绿色。

⑥蒸馏装置要密封,蒸汽发生要均匀充足,蒸馏过程中不得停火断气,否则将发生倒吸。碱要加足量,操作要迅速。漏斗应采用水封措施,以防氨由此逸出造成损失。

⑦蒸馏前加碱量若不足,消化液不生成氢氧化铜沉淀,溶液呈蓝色,此时增加用量。

⑧硼酸吸收液的温度应低于40 ℃,否则对氨的吸收作用会减弱进而造成损失,此时可置于冷水浴中使用。

⑨蒸馏结束后,应先将冷凝管下端提离液面清洗管口,再蒸馏1 min后关掉热源,否则可能会造成吸收液倒吸。

⑩混合指示剂在碱性溶液中呈绿色、中性溶液中呈灰色、酸性溶液中呈红色。

4. 思考题

①蒸馏瓶中的蒸馏水为何要添加数毫升硫酸保持酸性?

②从哪几个方面能提高测定的准确性?

实训项目九
食品中总糖含量的测定

1. 课前预习

(1)食品中碳水化合物的分布、含量及基本性质。

(2)食品中碳水化合物含量测定的几种常见方法。

(3)食品中可溶性糖类的提取方法和澄清手段。

2. 能力要求

(1)依据食品中总糖与还原糖的性质关系,掌握 GB 5009.7—2016 食品中还原糖测定的基本操作技能。

(2)熟悉 GB/T 5513—2008 粮食中还原糖和非还原糖测定的基本思路与方法。

(3)了解 GB/T 15672—2009 食用菌中总糖含量测定的基本方法。

3. 术语与定义

总糖是指具有还原性的葡萄糖、果糖、乳糖、麦芽糖等和在测定条件下能水解为还原性单糖的总量,反映的是食品中可溶性单糖和低聚糖的总和,其含量高低对产品的色、香、味、组织形态、营养价值、成本等有一定影响。

总糖测定通常以还原糖的测定方法为基础,常用直接滴定法,此外还有蒽酮比色法等。

直接滴定法测定食品中的总糖含量

1. 技术原理

样品除去蛋白质等杂质后,加入盐酸,加热,使蔗糖水解为还原性单糖,以直接滴定法测定水解后样品中的还原糖总量。

2. 试剂

盐酸溶液(6 mol/mL)、甲基红乙醇溶液、氢氧化钠溶液(20%)、转化糖标准溶液(0.1%)、碱性酒石酸铜甲液(称取 15 g $CuSO_4 \cdot 5H_2O$ 及 0.05 g 亚甲基蓝,溶于水并稀释到 1 L)、碱性酒石酸铜乙液(称取 50 g 酒石酸钾钠及 75 g 氢氧化钠,溶于水,再加入 4 g 亚铁氰化钾,完全溶解后,用水稀释至 1 L,贮存于具橡皮塞玻璃瓶中)、乙酸锌溶液(称取21.9 g乙酸锌,加 3 mL 乙酸,加水溶解并稀释至 100 mL)、10.6% 亚铁氰化钾溶液。

3. 实训步骤

(1)样品预处理

①一般样品:称取粉碎后的固体样品 2.5 ~5 g 或均匀后的液体样品 5 ~25 g,精确至 0.001 g,移入 250 mL 容量瓶中,慢慢加入 5 mL 乙酸锌溶液和 5 mL 亚铁氰化钾溶液,用水定容至刻度,摇匀后静置 30 min,用干燥滤纸过滤,弃去初滤液,收集滤液备用。

②酒精性饮料:称取 100 g 混匀后的样品,精确至 0.1 g,置于蒸发皿中,用氢氧化钠溶液中和至中性,在水浴上蒸发至原体积的 1/4 后,移入 25 mL 容量瓶中,缓慢加入 5 mL 乙酸锌溶液和 5 mL 亚铁氰化钾溶液,加水至刻度,摇匀后静置 30 min,用干燥滤纸过滤,弃去初滤液,收集滤液备用。

③含大量淀粉的食品:称取 10 ~20 g 粉碎后或均匀后的样品,精确至 0.001 g,置 250 mL 容量瓶中,加 200 mL 水,在 45 ℃水浴中加热 1 h,并振摇,冷后加水至刻度,混匀,静置,沉淀。吸取 200 mL 上清液置另一 250 mL 容量瓶中,慢慢加入 5 mL 乙酸锌溶液和 5 mL 亚铁氰化钾溶液,加水至刻度,摇匀后静置 30 min,用干燥滤纸过滤,弃去初滤液,收集滤液备用。

④碳酸类饮料:称取约 100 g 均匀后的样品,精确至 0.01 g,样品置蒸发皿中,在水浴上微热搅拌除去二氧化碳,移入 250 mL 容量瓶中,并用水洗涤蒸发皿,洗液并入容量瓶中,再加水至刻度,均匀后备用。

(2)样品水解

吸取处理后的样液 50 mL 于 100 mL 容量瓶中,加入 5 mL 6 mol/L 盐酸溶液,置 68 ~70 ℃水浴中加热 15 min,取出后迅速冷却,加甲基红指示剂 2 滴,用 20% 氢氧化钠溶液中和至中性,加水至刻度,混匀。

(3)碱性酒石酸铜溶液的标定

准确吸取碱性酒石酸铜甲液和乙液各 5 mL,置于 250 mL 锥形瓶中,加水 10 mL,放入 3 粒玻璃珠。从滴定管中滴加约 9 mL 的转化糖标准溶液,加热使其在 2 min 内沸腾,准确沸腾 30 s,趁热以每 2 秒 1 滴的速度继续滴加转化糖标准溶液,直至溶液蓝色刚好褪去(为终点)。记录消耗转化糖标准溶液的总体积。平行操作 3 次,取其平均值,按式(9 -1)计算。

$$F = c \cdot V \qquad (9-1)$$

式中:F——10 mL 碱性酒石酸铜溶液相当于转化糖的质量,mg;c——转化糖标准溶液的浓度,mg/mL;V——标定时消耗转化糖标准溶液的总体积,mL。

(4)样品溶液预测

准确吸取碱性酒石酸铜甲液和乙液各5 mL,置于250 mL锥形瓶中,加水10 mL,加玻璃珠3粒,加热使其在2 min内沸腾,准确沸腾30 s,趁热以先快后慢的速度从滴定管中滴加样品溶液,滴定时要始终保持溶液呈沸腾状态,待溶液蓝色变浅时,以每2秒1滴的速度滴定,直至溶液蓝色刚好褪去(为终点)。记录样品溶液消耗的体积。

(5)样品溶液测定

准确吸取碱性酒石酸铜甲液和乙液各5 mL,置于250 mL锥形瓶中,加水10 mL,加玻璃珠3粒,从滴定管滴加比预测时样品溶液消耗总体积少1 mL的样品溶液,加热使其在2 min内沸腾,准确沸腾30 s,趁热以每2秒1滴的速度继续滴加样品溶液,直至蓝色刚好褪去(为终点)。记录消耗样品溶液的总体积。同法平行操作3次,取平均值。

(6)分析结果的表述

样品中总糖按式(9-2)进行计算。

$$\text{总糖(以转化糖计)} = \frac{F}{m \times \frac{50}{V_1} \times \frac{V_2}{100} \times 1\,000} \times 100\% \qquad (9-2)$$

式中:F——10 mL碱性酒石酸铜溶液相当于转化糖的质量,mg;V_1——样品处理液总体积,mL;V_2——测定时消耗样品水解液体积,mL;m——样品质量,g。

(7)精密度

在重复性条件下获得的两次独立测定结果的绝对差值不得超过算术平均值的10%。

(8)说明及注意事项

①总糖测定的结果一般以转化糖计,但也可以用葡萄糖计,依据产品质量指标的要求而选择。若用转化糖表示,应用标准转化糖溶液标定碱性酒石酸铜溶液,若用葡萄糖表示,则应用标准葡萄糖溶液标定。

②总糖测定的水解条件与蔗糖相同,测定时需严格控制水解条件,使蔗糖完全水解,多糖不水解,单糖不分解。

③直接滴定法测定还原糖,不完全符合等摩尔关系,测定时需严格遵守操作中的有关规定,否则结果将会有较大误差。

④这里所讲的总糖不包括淀粉,因为在测定条件下,淀粉的水解作用微弱。

4. 思考题

①为什么要预测样品溶液?

②滴定终点控制应注意什么?

③如果所测总糖含量包括淀粉,应如何处理?

蒽酮比色法测定食品中的总糖含量

1. 技术原理

糖与硫酸反应脱水生成羟甲基呋喃甲醛(羟甲基糠醛),生成物再与蒽酮缩合成蓝绿色化合物,当糖的量在适合范围内时,其颜色深浅与溶液中糖的含量成正比,可用比色定量分析。单糖、双糖、糊精、淀粉等糖类都直接与试剂发生作用,因此不需要经过水解(若要求测定不包括糊精和淀粉的糖类,则应预先将它们除去)。

2. 仪器和试剂

仪器:分光光度计。

试剂:硫酸锌溶液、亚铁氰化钾溶液、蒽酮试剂(0.2%)、葡萄糖溶液(0.1 mg/mL)等等。

3. 实训步骤

(1)标准曲线制作

准确吸取标准葡萄糖液 0 mg/100 mL、0.05 mg/100 mL、1.0 mg/100 mL、1.5 mg/100 mL、2.0 mg/100 mL、3.0 mg/100 mL,分别置于6个100 mL容量瓶中,加水至刻度,摇匀(相当于 0 mL/100 mL、0.05 mL/100 mL、1.0 mL/100 mL、1.5 mL/100 mL、2.0 mL/100 mL、3.0 mg/100 mL 葡萄糖)。另取6个50 mL容量瓶,分别加入蒽酮试剂10 mL,然后小心地自瓶壁分别加入标准葡萄糖液5 mL,剧烈摇匀;放入沸水浴中准确加热6 min,取出,迅速冷却至室温;用1 cm比色杯,在610 nm波长下测定吸光度。以吸光度为横坐标、糖液浓度(mg/100 mL)为纵坐标绘制标准曲线。

(2)样品测定

风干样品,称取0.100 ~0.200 g;新鲜的水果、蔬菜等样品,称取经组织捣碎机处理成均匀糊状的样品4.00 g(包括2.00 g样品,2.00 g水)。用100 mL热水将样品移入500 mL容量瓶中,加入硫酸锌溶液5 mL,在沸水浴上加热5 min,取出后立即在摇动下加入亚铁氰化钾溶液5 mL,冷却,加水至刻度,摇匀,过滤。吸取滤液25 mL于250 mL容量瓶中,稀释至刻度,摇匀。然后吸取此稀释液1 mL,以下按标准曲线制作步骤进行测定。

(3)分析结果的表述

样品中总糖按式(9-3)进行计算。

$$\text{总糖(以转化糖计,\%)} = \frac{c \times 500 \times 250}{m \times 25} \tag{9-3}$$

式中:c——从标准曲线上查得的糖浓度,mg/100 mL;m——样品质量,g。

(4)精密度

在重复性条件下获得的两次独立测定结果的绝对差值不得超过算术平均值的10%。

(5)说明及注意事项

①该法是微量法,具有灵敏度高、试剂用量少等优点,适合于含微量糖的样品。

②样液必须清澈透明,加热后不应有蛋白质沉淀。

③样品颜色较深时,可用活性炭脱色后再进行测定。

④该法按操作的不同可分为几种,主要差别在于蒽酮试剂中硫酸的浓度(66%~95%)、取样液量(1~5 mL)、蒽酮试剂用量(5~20 mL)、沸水浴中反应时间(6~15 min)和显色时间(10~30 min)。这几个操作有内在联系,不能随意改变其中一个,否则将影响分析结果。

⑤蒽酮试剂不稳定,易被氧化,放置数天后变为褐色,故应当天配制,添加稳定剂硫脲后,在冷暗处可保存48 h。

⑥反应液中硫酸的浓度高达60%以上,在此高酸度条件下,在沸水浴中加热,可使双糖、淀粉等发生水解,再与蒽酮发生显色反应。因此测定结果是样液中单糖、双糖和淀粉的总量。如要求测定结果包括淀粉,则样品处理时应采用52%高氯酸做提取剂;如要求测定结果不包括淀粉,应该用80%乙醇提取,以避免淀粉和糊精溶出。此外,在测定条件下,纤维素也会与蒽酮试剂发生一定程度的反应,因此应避免样液中含有纤维素。

⑦本法反应条件控制较严,如反应温度、显色时间、试剂和试液的初始温度等都将影响显色状况,操作稍不留心,就会造成误差。样液必须清澈透明,加热后不应有蛋白质沉淀,如样液色泽较深,可用活性炭脱色。

4. 思考题

(1)为何单糖、双糖、糊精、淀粉等糖类都直接与试剂发生作用,使所测得糖为总糖?

(2)试分析此方法测定总糖的优缺点。

实训项目十
食品中维生素 C 含量的测定

1. 课前预习

(1)食品中维生素 C 的分布、含量、基本性质及其存在形式。

(2)食品中维生素 C 含量测定的几种常见方法。

2. 能力要求

掌握 GB 5009.86—2016 食品中维生素 C 的测定的基本操作技能。

3. 术语与定义

维生素 C 又称 L－抗坏血酸,是一种水溶性维生素。食物中的维生素 C 被人体小肠上段吸收并分布到体内所有的水溶性结构中,正常成人体内的维生素 C 代谢活性池中约有 1 500 mg 维生素 C,最高储存峰值为 3 000 mg。正常情况下,维生素 C 绝大部分在体内经代谢分解成草酸或与硫酸结合生成维生素 C－2－硫酸由尿排出;另一部分直接由尿排出体外。

维生素 C 的测定通常采用靛酚滴定法、苯肼比色法、荧光法和高效液相法等。

2,6－二氯靛酚滴定法测定
食品中的维生素 C 含量

1. 技术原理

还原型维生素 C 能还原染料 2,6－二氯靛酚,该染料在酸性环境中呈红色,被还原后红色消失。还原型维生素 C 还原 2,6－二氯靛酚后,本身被氧化成脱氢型维生素 C。在没有杂质干扰时,一定量的样品提取液还原标准 2,6－二氯靛酚的量与样品所含维生素 C 的量成正比。还原型维生素 C 染料粉红色,脱氢型维生素 C 染料无色。

2. 仪器和试剂

仪器:高速组织捣碎机、分析天平等。

试剂:草酸溶液(2%)、草酸溶液(1%)、维生素 C 标准溶液、2,6 二氯靛酚溶液、碘酸钾溶液(1.67×10^{-2} mol/L)、碘酸钾溶液(1.67×10^{-4} mol/L)、淀粉溶液(1%)、

碘化钾溶液(6%)。

3. 实训步骤

(1)样品预处理

称取适量(50 ~100 g)样品,加等量的2%草酸溶液,于组织捣碎机中捣成匀浆后,称取10 ~30 g浆状样品(使其含有维生素C 1 ~5 mg),置于小烧杯中,用1%草酸溶液将样品移入100 mL容量瓶中,并稀释至刻度,摇匀。

(2)滴定

将样液过滤,弃去最初数毫升滤液。若样液具有颜色,用白陶土(脱色力强并且对维生素C无损失)去色后迅速吸取5 ~10 mL滤液,置于50 mL锥形瓶中,用标定的2,6 - 二氯靛酚染料溶液滴定,直至溶液呈粉红色且于15 s内不褪色为止。同时做空白实验。

(3)分析结果的表述

样品中维生素C按式(10 -1)进行计算。

$$\text{维生素C含量(mg/100 g)} = \frac{(V - V_0) \times T \times A}{m} \times 100 \qquad (10-1)$$

式中:V——滴定时所耗去染料溶液的量,mL;V_0——滴定空白时所耗去染料溶液的量,mL;T——染料的滴定度,mg/mL;m——样品的质量,g;A——稀释倍数。

(4)精密度

平行测定结果的相对相差,在每100 g样品中维生素C含量大于20 mg时,不得超过2%,每100 g样品中小于20 mg时,不得超过5%。

(5)说明及注意事项

①试剂最好用双蒸水配制。

②样品取样后,为防止维生素C发生氧化而受损失,应浸泡在2%草酸溶液中。

③动物性样品可用10%三氯乙酸代替草酸溶液提取。对含有大量铁的样品,如储藏过久的罐头食品可用8%乙酸溶液代替草酸溶液提取。

④为防止还原型维生素C被氧化,整个操作过程要迅速。

⑤若样品滤液无色,可不加白陶土。须加白陶土的要测定每批新的白陶土的回收率。加白陶土脱色过滤后,样品要迅速滴定。

⑥滴定开始时,染料溶液要迅速加入,直至红色不立即消失,而后尽可能一滴一滴地加入,要不断振动锥形瓶,直至粉红色于15 s内不消失为止。样品中也可能有其他杂质能还原2,6 - 二氯靛酚,但一般杂质还原该染料的速度均较维生素C慢,所以滴定时以15 s粉红色不褪为终点。

⑦样品溶液测定时必须同时做空白对照。

⑧此法适用于果蔬及其加工制品中还原型维生素C的测定(不含二价铁、二价锡、一价铜、二氧化硫、亚硫酸盐或硫代硫酸盐),不适用于深色样品。

4. 思考题

可以从哪几个方面提高滴定时的准确度?

2,4－二硝基苯肼比色法测定食品中的维生素 C 含量

1. 技术原理

酸处理的活性炭能把还原型维生素 C 氧化为脱氢型维生素 C 再继续氧化为二酮古乐糖酸。二酮古乐糖酸与2.4－二硝基苯肼偶联生成红色的络合物。呈色强度与二酮古乐糖酸浓度成正比,可以比色法定量。

2. 仪器和试剂

仪器:高速组织捣碎机、分析天平、恒温箱、紫外－可见分光光度计等。

试剂:草酸溶液(20 g/L、10 g/L)、硫酸(4.5 mol/L)、硫酸(85%)、2,4－二硝基苯肼溶液(20 g/L)、硫脲溶液(10 g/L、20 g/L)、盐酸(1 mol/L)、维生素 C 标准溶液、活性炭等。

3. 实训步骤

(1)样品预处理

本实验全部过程均应避光处理。

①鲜样的制备:称取 100 g 鲜样,移取 100 mL 20 g/L 草酸溶液,倒入组织捣碎机中打成匀浆,取 10～40 g 匀浆(含 1～2 mg 维生素 C)转移到 100 mL 容量瓶中,用 10 g/L 草酸溶液稀释至刻度、混匀。

②干样制备:称干样 1～4 g(含 1～2 mg 维生素 C)放入研钵内,加入 10 g/L 草酸溶液研磨成浆,倒入 100 mL 容量瓶内,用 10 g/L 草酸溶液稀释至刻度,混匀。

③将上述溶液过滤,滤液备用,或离心后倾出上清液,过滤,备用。

(2)氧化处理

取上述滤液 25 mL 加入 2 g 活性炭,振摇 1 min,过滤,弃去最初数毫升滤液,取 10 mL 此氧化提取液,加入 10 mL 20 g/L 硫脲溶液,混合均匀,此试样为稀释液。

(3)呈色反应

取 3 支试管,各加入稀释液 4 mL。一个试管作为空白对照,在其余试管中加入 1 mL 20 g/L 2,4－二硝基苯肼溶液,将所有试管放入 37 ±0.5 ℃恒温箱或水浴中,保温 3 h。3 h 后取出,除空白对照外,将所有试管放入冰水中。空白对照取出后使其冷到室温,然后加入 1 mL 20 g/L 2,4－二硝基苯肼溶液,室温放置 10～15 min 后放入冰

水内，其余步骤同试样。

(4)85%硫酸处理

当试管放入冰水后，向每一试管中加入5 mL 85%硫酸，滴加时间至少需要1 min，边加边摇动试管，将试管自冰水中取出，在室温放置30 min后比色。

(5)比色

用1 cm比色杯，以空白液做参比，500 nm波长下测吸光度。

(6)标准曲线的绘制

①加2 g活性炭于50 mL标准溶液中，振动1 min，过滤。

②取10 mL滤液放入500 mL容量瓶中，加5 g硫脲，用10 g/L草酸溶液稀释至刻度，维生素C浓度20 μg/mL。

③取5 mL、10 mL、20 mL、25 mL、40 mL、50 mL、60 mL稀释液，分别放入7个100 mL容量瓶中，用10 g/L硫脲溶液稀释至刻度，使最后稀释液中维生素C的浓度分别为1 μg/mL、2 μg/mL、4 μg/mL、5 μg/mL、8 μg/mL、10 μg/mL、12 μg/mL。

④按样品测定步骤形成有色的络合物(脎)并比色。同时，以吸光度为纵坐标、维生素C浓度(μg/mL)为横坐标绘制标准曲线。

(7)分析结果的表述

样品中维生素C按式(10－2)进行计算。

$$\omega = \frac{c \times V}{m} \times F \times \frac{100}{1\,000} \tag{10-2}$$

式中：ω——每100 g样品中总维生素C含量，mg；c——由标准曲线查得或由回归方程算得“样品氧化液”中总维生素C的浓度，μg/mL；V——样品用10 g/L草酸溶液定容的体积，mL；F——样品氧化处理过程中的稀释倍数；m——样品的质量，g。结果保留两位有效数字。

(8)精密度

在重复性条件下获得的两次独立测定结果的绝对差值不得超过算术平均值的10%。

(9)说明及注意事项

①加入85%硫酸后，将试管从水中取出，溶液的颜色会继续变深，因此必须计算好硫酸的加入时间，30 min后准时比色。

②硫脲可防止维生素C被氧化，且可帮助脎的形成，最终溶液中硫脲的浓度均需一致，否则色度会受到影响。

4. 思考题

(1)从哪几个方面能提高比色时的准确度？

(2)本实验全部过程为何均应避光处理？

实训项目十一
食品中漂白剂二氧化硫含量的测定

1. 课前预习

(1)食品中添加剂的种类、分布、含量、基本性质及其存在形式。

(2)食品中漂白剂的种类、几种常见检测方法及测定的必要性。

2. 能力要求

(1)掌握盐酸副玫瑰苯胺比色法测定漂白剂二氧化硫的原理及基本操作技能。

(2)熟悉 GB 31604.32—2016 食品安全国家标准 食品接触材料及制品 木质材料中二氧化硫的测定基本操作技能。

(3)了解行业内几种漂白剂二氧化硫测定的基本方法。

3. 术语与定义

漂白剂是使食品中有色物质经化学作用分解转换为无色物质或褪色的食品添加剂,有还原型漂白剂和氧化型漂白剂两类。在食品行业中使用较多的是二氧化硫和亚硫酸盐,二者无营养价值且具有一定的腐蚀性,对人的健康有一定的影响,因此在食品中添加应加以限制。

测定漂白剂二氧化硫的方法有:盐酸副玫瑰苯胺比色法、蒸馏滴定法、碘量法、高效液相色谱法和极谱法等,其中前两种常用。

盐酸副玫瑰苯胺比色法测定
食品中的漂白剂二氧化硫含量

1. 技术原理

二氧化硫被四氯汞钠溶液吸收后,生成稳定的络合物,络合物与甲醛反应生成的羟甲基磺酸与盐酸副玫瑰苯胺(副品红)作用,经分子重排后,生成紫红色络合物,可用比色法测定。

2. 仪器和试剂

仪器:高速组织捣碎机、分析天平、分光光度计等。

试剂：四氯汞钠溶液、显色剂（盐酸副玫瑰苯胺 100 mg，用 200 mL 水溶解，加 40 mL浓盐酸，定容至 500 mL）、甲醛溶液（2%）、蛋白质沉淀剂（饱和硼砂溶液、30% 硫酸锌溶液）、二氧化硫标准溶液、淀粉指示剂、乙酸、碘溶液（0.1 mol/L）、硫代硫酸钠标准溶液（0.1 mol/L）等。

3. 实训步骤

（1）样品预处理

样品处理：称取捣碎均匀的样品 10 ~ 20 g，加入 5 mL 饱和硼砂溶液、2 mL 硫酸锌，搅拌均匀，转入 100 mL 容量瓶中，用水定容，静置澄清，过滤，滤液待用。

（2）标准曲线绘制

吸取 2 μg/mL 二氧化硫标准溶液 0 mL、0.5 mL、1.0 mL、1.5 mL、2.0 mL、2.5 mL，置于 25 mL 具塞比色管中，分别加入四氯汞钠溶液使体积达 10 mL，再加入 2% 甲醛溶液 1 mL、显色剂 1 mL，摇匀，放置 20 min，580 nm 波长处测定吸光度，绘制标准曲线。

（3）样品测定

吸取滤液 0.5 ~ 5 mL（视二氧化硫含量而定）置于 25 mL 具塞比色管中，以下按标准曲线绘制操作，根据测得的吸光度，从标准曲线上查得相应的二氧化硫含量。

（4）分析结果的表述

样品中二氧化硫按式（11 - 1）进行计算。

$$\frac{m_1 \times 1\,000}{m \times \frac{V_2}{V_1} \times 1\,000 \times 1\,000} \tag{11-1}$$

式中：m_1——样品处理液中二氧化硫的质量，μg；V_1——测定用样品的体积，mL；V_2——样液总体积，mL；m——样品的质量，g。

（5）精密度

在重复性条件下获得的两次独立测定结果的绝对差值不得超过算术平均值的 5%。

（6）说明及注意事项

①最适反应温度为 20 ~ 25 ℃，温度低就会导致灵敏度低，故标准管与样品管需在同一温度下显色。

②温度为 15 ~ 16 ℃，静置时间需延长为 25 min，颜色稳定 20 min。

③盐酸副玫瑰苯胺中的盐酸用量对显色有影响，盐酸加入量多，显色浅，加入量少，显色深，因此要按操作要求进行。

④甲醛浓度在 0.15% ~ 0.25% 时，颜色稳定，故选择 0.2% 甲醛溶液。

⑤颜色较深的样品，可用 10% 活性炭脱色。

⑥测定粉丝、粉条中的二氧化硫时，样品要浸泡 30 min。

⑦样品加入四氯汞钠溶液于 100 mL 容量瓶中，加水至刻度，摇匀。此溶液中的二氧化硫含量在 24 h 之内很稳定。

4. 思考题

从哪几个方面能提高测量时的准确度？

实训项目十二
酱油及盐渍品中氧化钠含量的测定

1. 课前预习

(1)食品中咸味剂的种类、分布、含量、基本性质及其存在形式。

(2)食品中氯化钠(食盐)的存在形式及几种常见检测方法。

2. 能力要求

(1)掌握佛尔哈德法测定食品中氯化钠的原理及基本操作技能。

(2)熟悉 GB/T 13025.5—2012 制盐工业通用试验方法中氯离子测定的基本操作方法。

(3)了解 NY/T 1121.17—2006 土壤氯离子含量的测定方法。

(4)了解行业内几种食品中氯化钠测定的基本方法。

3. 术语与定义

咸味是一种非常重要的基本味。咸味剂不只限于氯化钠一种，其他一些化合物如氯化钾、氯化铵、溴化钠、溴化锂、碘化钠、碘化锂、苹果酸钠等也都具备咸味的性质，但这些化合物除了呈现咸味外，还多少带有其他的口味，只有氯化钠的咸味最为纯正。

测定氯化钠的方法有：佛尔哈德法、莫尔法、电位滴定法等，其中佛尔哈德法与电位滴定法较为常用。

佛尔哈德法测定酱油与盐渍品中的氯化钠含量

1. 技术原理

样品经热水溶解、沉淀蛋白质、酸化处理后，加入过量的硝酸银溶液，以硫酸铁铵为指示剂，用硫氰酸钾标准溶液滴定过量的硝酸银，根据硫氰酸钾标准溶液的消耗量，计算食品中氯化钠的含量。

2. 仪器和试剂

仪器：组织捣碎机、粉碎机、超声波清洗器、恒温水浴锅、离心机等。

试剂：硫酸铁铵饱和溶液、硝酸溶液(1:3)、硝酸银标准溶液(0.1 mol/L)、硫氰酸钾标准溶液(0.1 mol/L，称取9.7 g硫氰酸钾，溶于水中，转移到1 000 mL容量瓶中，用水稀释至刻度，摇匀)。

硝酸银标准溶液与硫氰酸钾标准溶液体积比的确定：移取0.1 mol/L硝酸银标准溶液20 mL(V_1)于250 mL锥形瓶中，加入30 mL水、5 mL硝酸溶液和2 mL硫酸铁铵饱和溶液，边摇动边滴加硫氰酸钾标准溶液，滴定至出现淡棕红色，保持1 min不褪色，记录消耗硫氰酸钾标准溶液的体积(V_2)。

硝酸银标准溶液(0.1 mol/L)和硫氰酸钾标准溶液(0.1 mol/L)的标定：称取经500～600 ℃灼烧至恒重的氯化钠0.1 g(精确至0.1 mg)，置于烧杯中，用约40 mL水溶解，并转移到100 mL容量瓶中。加入5 mL硝酸溶液，边剧烈摇动边加入0.1 mol/L硝酸银标准溶液25 mL(V_3)，用水稀释至刻度，摇匀。在避光处静置5 min，用快速滤纸过滤，弃去最初滤液10 mL。准确移取滤液50 mL于250 mL锥形瓶中，加入2 mL硫酸铁铵饱和溶液，边摇动边滴加硫氰酸钾标准溶液，滴定至出现淡棕红色，保持1 min不褪色，记录消耗硫氰酸钾标准溶液的体积(V_4)。

按式(12－1)、式(12－2)、式(12－3)分别计算硫氰酸钾标准溶液的准确浓度(c_1)和硝酸银标准溶液的准确浓度(c_2)。

$$F = \frac{V_1}{V_2} = \frac{c_1}{c_2} \tag{12-1}$$

式中：F——硝酸银标准溶液与硫氰酸钾标准溶液的体积比；V_1——确定体积比(F)时，硝酸银标准溶液的体积，mL；V_2——确定体积比(F)时，硫氰酸钾标准滴定的体积，mL；c_1——硫氰酸钾标准溶液浓度，mol/L；c_2——硝酸银标准溶液浓度，mol/L。

$$c_2 = \frac{\frac{m_0}{0.058\ 44}}{V_3 - 2 \times V_4 \times F} \tag{12-2}$$

式中：c_2——硝酸银标准溶液浓度，mol/L；m_0——氯化钠质量，g；V_3——沉淀氯化钠时加入的硝酸银标准溶液体积，mL；V_4——滴定过量的硝酸银消耗硫氰酸钾标准溶液的体积，mL；F——硝酸银标准溶液与硫氰酸钾标准溶液的体积比；0.058 44——与1 mL硝酸银标准溶液[$c(AgNO_3) = 1$ mol/L]相当的氯化钠的质量，g。

$$c_1 = c_2 \times F \tag{12-3}$$

式中：c_1——硫氰酸钾标准溶液浓度，mol/L；c_2——硝酸银标准溶液浓度，mol/L；F——硝酸银标准溶液与硫氰酸钾标准溶液的体积比。

3. 实训步骤

(1)样品氯化钠沉淀

移取50 mL酱油(V_5),于100 mL比色管中,加入5 mL硝酸溶液。在剧烈摇动下,用酸式滴定管滴加20～40 mL硝酸银标准溶液,用水稀释至刻度,在避光处静置5 min。用快速滤纸过滤,弃去10 mL最初滤液。加入硝酸银标准溶液后,如不出现氯化银凝聚沉淀,而呈现胶体溶液时,应在定容、摇匀后,置沸水浴中加热数分钟,直至出现氯化银凝聚沉淀。取出,在冷水中迅速冷却至室温,用快速滤纸过滤,弃去10 mL最初滤液。

(2)过量硝酸银的滴定

移取50 mL滤液于250 mL锥形瓶中,加入2 mL硫酸铁铵饱和溶液。边剧烈摇动边用0.1 mol/L硫氰酸钾标准溶液滴定,淡黄色溶液出现乳白色沉淀,终点时变为淡棕红色,保持1 min不褪色。记录消耗硫氰酸钾标准溶液的体积(V_6)。同时做空白实验,记录消耗硝酸银标准溶液的体积(V_0)。

(3)分析结果表述

食品中氯化钠的含量以质量分数ω表示,按式(12-4)计算:

$$\omega = \frac{0.0355 \times c_1 \times (V_0 - V_6) \times V}{m \times V_5} \times 100\% \qquad (12-4)$$

式中:ω——样品中氯化物的含量(以氯计);0.035 5——与1 mL硝酸银标准溶液[$c(AgNO_3)=1.000$ mol/L]相当的氯的质量,g;c_1——硫氰酸钾标准溶液浓度,mol/L;V_0——空白实验消耗的硫氰酸钾标准溶液体积,mL;V_5——用于滴定的样品体积,mL;V_6——滴定样品时消耗0.1 mol/L硫氰酸钾标准溶液的体积,mL;V——样品定容体积,mL;m——样品质量,g。当氯化钠含量≥1%时,结果保留三位有效数字;当氯化钠含量<1%时,结果保留两位有效数字。

(4)精密度

在重复性条件下获得的两次独立测定结果的绝对差值不得超过算术平均值的5%。

莫尔法测定酱油与盐渍品中的氯化钠含量

1. 技术原理

以铬酸钾(K_2CrO_4)做指示剂,用硝酸银标准溶液直接滴定样品中氯化钠。滴定过程中先出现氯化银白色沉淀,当样品中Cl^-与Ag^+定量沉淀完全后,稍微过量的Ag^+就与指示剂铬酸钾生成铝酸银(Ag_2CrO_4)砖红色沉淀,即为滴定终点。反应分别为:

$Ag^+ + Cl^- \!=\!=\!= AgCl\downarrow$（白色） $K_{sp(AgCl)} = 1.77 \times 10^{-10}$

$2Ag^+ + CrO_4^{2-} \!=\!=\!= Ag_2CrO_4\downarrow$（砖红色） $K_{sp(AgCl)} = 1.12 \times 10^{-12}$

2. 试剂

硝酸银标准溶液(0.1 mol/L)、铬酸钾溶液(5%)。

3. 实训步骤

(1)样品处理

准确移取酱油 5 mL,置于 100 mL 容量瓶中,加蒸馏水稀释至刻度,摇匀。若为盐渍品则准确称取 10 g,粉碎后,加温蒸馏水 25 mL,浸提半小时并不断搅拌,共 3 次,浸提液一并移入 100 mL 容量瓶中,冷却,加水稀释至刻度,摇匀,过滤。

(2)样品测定

吸取酱油稀释液或盐渍品滤液 10 mL,置于锥形瓶中,加蒸馏水 50 mL,摇匀。加入 5 滴铬酸钾指示剂,在充分振荡下用 0.1 mol/L 硝酸银标准溶液滴定至砖红色沉淀出现,即为终点,记下所消耗硝酸银溶液的毫升数。重复性条件下平行测定两次。

移取 60 mL 蒸馏水,同时做空白实验。

(3)结果计算

按式(12-5)计算酱油中氯化钠质量分数:

$$\omega = c \times (V_1 - V_0) \times 0.05845/(5 \times 10/100) \times 100\% \qquad (12-5)$$

式中:ω——样品中氯化钠的质量分数;c——硝酸银标准溶液的物质的量浓度,mol/L;V_1——测定样品稀释液时消耗硝酸银标准溶液的体积,mL;V_0——试剂空白实验中消耗硝酸银标准溶液的体积,mL;0.058 45——氯化钠的毫摩尔质量,g/mol。

(4)注意事项

①本法测定的酸度范围为 pH = 6.3 ~ 10,当样品溶液的 pH 值过高或过低时,应先用酸或碱调节,再进行滴定。

②滴定时由于生成的氯化银沉淀容易吸附溶液中的 Cl^-,使溶液中的 Cl^- 浓度降低,终点提前到达,因此为减少误差,滴定时必须剧烈摇动,使被吸附的 Cl^- 释放出来。

③不能在含有氨或其他能与 Ag^+ 生成配合物的物质存在下进行滴定,以免氯化银和铬酸银的溶解度增大而影响测定结果。

实训项目十三

食用植物油掺假的快速鉴别

1. 课前预习

(1)食用植物油所具有的特征。

(2)食用植物油中掺入非食用油的危害。

2. 能力要求

(1)了解掺假的食用植物油的感官检验方法。

(2)学会1~2种掺假植物油的定量鉴别方法。

3. 术语与定义

目前食用植物油掺假主要有两种类型:一种是将低附加值食用油掺入高附加值植物油中,比如在高价芝麻油中掺入廉价的菜籽油、大豆油、棉籽油、葵花油等,在菜籽油中掺入棉籽油、棕榈油,在橄榄油中掺入榛子油等,以牟取更大利润;另一种是一些不法厂商将国家禁用的有毒物或过期变质油品掺入合格油中,比如在食用植物油中掺入有毒或非食用的矿物油、桐油、大麻油等,极有可能造成严重后果。

食用植物油的感官检验

1. 色泽检验

正常植物油的色泽一般为浅黄色,颜色有深有浅,例如花生油为淡黄色至橙色,大豆油为黄色至橙黄色,菜籽油为黄色至棕色,精炼棉籽油为棕黄红色至棕色。

多个样品可采用如下方法进行色泽鉴别:首先将各种样品过滤,然后倒入250 mL烧杯中,油量高度不能低于50 mm,室温下先对着自然光观察,然后再置于白色背景前借其反射光线观察,并用如下词语表述:白色、灰色、柠檬色、淡黄色、黄色、橙色、棕黄色、棕色、棕红色、棕褐色等。同种植物油颜色越浅越好。

2. 气味及滋味检验

冷榨油无气味,热榨油有各自的特殊气味,如花生油有花生香味、芝麻油有芝麻香味等。

油料发芽、发霉、炒焦后制成的油，带有霉味、焦味。植物油酸败后先为青草味、干草味，之后变成油脂酸味。油脂中残留较多的溶剂时会有汽油味，不得销售和使用。

气味鉴别方法如下：将样品倒入100 mL烧杯中，置于水浴上加热至50 ℃，以玻璃棒迅速搅拌，嗅其气味，并蘸取少许样品，辨别其滋味，然后按正常、焦糊、酸败、苦辣等词记述。如该方法不能辨别时，可补充下列方法辅助检查：

(1)取少许油样涂于手掌上，用双手合掌摩擦后，嗅其气味。

(2)取油样2～3 mL于小烧杯中，并注入刚停止沸腾的热水，然后嗅其气味。

3. 透明度检验

纯植物油应该是透明的，水分含量不高于0.1%、杂质含量不高于0.2%、含皂量不高于0.3%。但通常植物油中常因含有过量水分、杂质、蛋白质和油脂溶解物（如磷脂、蜡质、皂类）等而出现混浊、沉淀，甚至酸败变质。透明度检验方法如下：

混匀油样，若因气温低而混浊时，可先在50 ℃水浴中加热20 min，用玻璃棒搅匀。将油样放入100 mL比色管中，20 ℃下静置24 h（蓖麻油应静置48 h）。将比色管对着光线观察。用透明、微混、混浊等词表述（棉籽油在比色管上部无絮状悬浮和混浊时即可认为透明）。

芝麻油的定量检验

1. 技术原理

石油醚溶解油样后将其与蔗糖盐酸液反应，加蒸馏水稀释盐酸液，停止反应，稳定溶液颜色，水层可在520 nm处比色定量。颜色深浅与芝麻油的纯度呈一定的相关性。

2. 仪器和试剂

仪器：分光光度计、旋涡振荡器、10 mL具塞比色管。

试剂：石油醚（沸点60～90 ℃），蔗糖盐酸液（取1 g蔗糖溶解于100 mL浓盐酸中，搅拌溶解，现用现配）。香油基础液（精密称取纯香油2.5 g，用石油醚溶解，定容至50 mL，每毫升含香油0.05 g）。

3. 实训步骤

(1)样品的测定

称取油样0.25 g用石油醚溶解并定容至5 mL。取1 mL置于10 mL比色管中。另取香油基础液0 mL、0.2 mL、0.4 mL、0.6 mL、0.8 mL、1.0 mL（相当香油0 mL、

0.01 mL、0.02 mL、0.03 mL、0.04 mL、0.05 mL)，分别置于10 mL比色管中，样品管与标准管内加石油醚至3 mL，缓缓摇动15 min，于各管加蒸馏水2 mL，摇匀，移去石油醚层，剩余的水层即可在520 nm处测定吸光度，以香油含量为横轴、吸光度为纵轴绘制标准曲线。

(2)分析结果的表述

样品与标准进行比较，即可计算油样中的香油含量。

油样中香油含量 = 标准曲线查得的香油含量/比色测定所用的油样的质量×100%

(3)精密度

在重复性条件下获得的两次独立测定结果的绝对差值小于5%。

(4)注意事项

所用芝麻油－石油醚溶液以及蔗糖盐酸溶液均需现用现配。

4. 思考题

芝麻油纯度的测定还有哪些方法?

实训项目十四
食品中防腐剂(苯甲酸)的测定

1. 课前预习

食品中常见防腐剂的应用范围及测定的重要性。

2. 能力要求

(1)熟练掌握蒸馏装置的正确使用。

(2)掌握二次蒸馏分离食品中苯甲酸的原理及操作，设计食品中苯甲酸蒸馏提取的不同条件，对比不同条件下的提取率。

(3)了解苯甲酸在食品中的限量使用，了解苯甲酸的检测对食品安全性评价的意义。

3. 术语与定义

苯甲酸又名安息香酸，是一种能够抑制食品中微生物生长和繁殖的防腐剂，是一种白色有丝光的鳞片或针状结晶体，熔点122 ℃，沸点249.2 ℃，100 ℃开始升华，苯蒸气具有很强的刺激性。按照国家规定的标准使用,可以防止食品生霉、变质或腐败,并能延长食品保存时间,同时对食用者也不会造成危害。但是如果超过规定使用剂量将会对食用者的身体造成影响。

蒸馏法

1. 技术原理

在酸性条件下样品中的苯甲酸被蒸馏,馏出液被剧烈氧化除去杂质,二次蒸馏后,得到的苯甲酸在 225 nm 处有最大吸收,它的吸光度与浓度的关系符合朗伯 - 比尔定律。

2. 仪器与试剂

仪器:紫外 - 可见分光光度计、蒸馏设备(见图 14 - 1)。

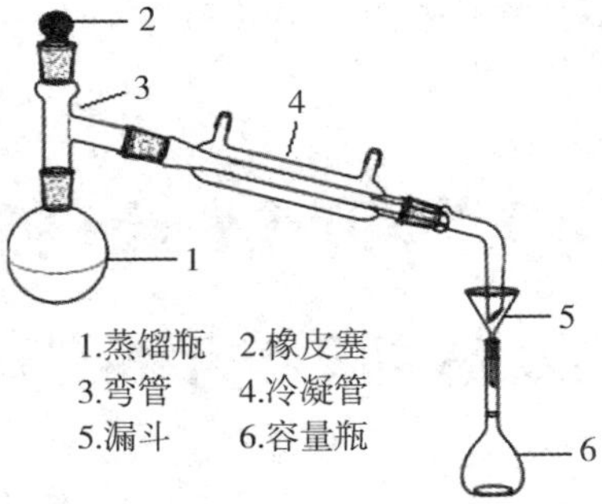

图 14 - 1 样品中苯甲酸的蒸馏装置

试剂:无水硫酸钠、磷酸(85%)、重铬酸钾溶液(0. 034 mol/L)、硫酸溶液(2 mol/L):66. 5 mL 浓硫酸稀释至 500 mL、氢氧化钠溶液(1 mol/L、0. 1 mol/L、0. 01 mol/L)、苯甲酸钠标准溶液(20 μg/mL)。

3. 实训步骤

(1)提取

称取 10 g 样品,置于 250 mL 蒸馏瓶中,加 20 g 无水硫酸钠、1 mL 磷酸、70 mL 水,连接蒸馏装置,50 mL 容量瓶内装有 5 mL 氢氧化钠溶液(0. 1 mol/L)为吸收瓶。大火加热,调节火力使蒸馏液为 10 mL 所需的时间为 10 min。收集的蒸馏液为 45 mL 后,停止蒸馏,用水冲洗冷凝器,并定容。

(2)纯化

取 25 mL 蒸馏液放入 250 mL 圆底烧瓶中,加入 0. 033 4 mol/L 重铬酸钾溶液 25 mL、2 mol/L 硫酸 65 mL,回流 10 min,冷却后加沸石、无水硫酸钠 20 g、磷酸 1 mL

及水 40 mL，再次蒸馏，接收瓶为 50 mL 容量瓶，内置 0.1 mol/L 氢氧化钠溶液 5 mL，蒸馏液约 45 mL 时停止蒸馏，用少量水洗涤冷凝器，合并洗液并定容至刻度，备用。

(3)空白实验

称取样品 10 g，置于 250 mL 蒸馏瓶中，加 20 g 无水硫酸钠、1 mol/L 氢氧化钠溶液 5 mL、水 65 mL，按上述样品处理方法进行蒸馏，由于溶液为碱性，苯甲酸成为钠盐不能被蒸出。

(4)标准曲线的绘制

取苯甲酸标准溶液 50 mL，置于 250 mL 蒸馏瓶中，加 20 g 无水硫酸钠、磷酸1 mL、水 20 mL，进行蒸馏。操作按样品提取步骤进行。

吸取上述溶液 2.0 mL、4.0 mL、6.0 mL、8.0 mL、10.0 mL 分别置于 50 mL 容量瓶中，用 0.01 mol/L 氢氧化钠溶液稀释至刻度。此时每个 50 mL 溶液中分别含苯甲酸的量为 2.0 mg、4.0 mg、6.0 mg、8.0 mg、10.0 mg，以 0.01 mol/L 氢氧化钠溶液做参比溶液，用紫外－可见分光光度计在 225 nm 波长处测定吸光度，并绘制标准曲线。

(5)样品测定

根据样品中苯甲酸的含量，吸取 5～20 mL 供测定用的样液和空白实验溶液，分别置于 50 mL 容量瓶中，用 0.01 mol/L 氢氧化钠溶液稀释至刻度，并以 0.01 mol/L 氢氧化钠溶液做参比溶液，用紫外－可见分光光度计在 225 nm 波长处测定吸光度，根据测得的吸光度，从标准曲线上查出相应的苯甲酸含量。

(6)计算

$$\text{苯甲酸含量(g/kg)} = \frac{(m_1 - m_2) \times 1\,000}{m \times \frac{V_1}{V} \times \frac{V_3}{V_2} \times 1\,000} \tag{14-1}$$

式中：V——样品蒸馏后总体积，mL；V_1——吸取蒸馏液体积，mL；V_2——吸取蒸馏液稀释后的体积，mL；V_3——测定用稀释液体积，mL；m_1——样液中相当于标准苯甲酸的量，mg；m——样品质量，g；m_2——空白实验中相当于标准苯甲酸的量，mg；1 000——单位换算系数。

(7)注意事项

①样品蒸馏过程中，防止暴沸。

②国家规定不同食品中的苯甲酸最大使用量为 0.2～1.0 g/kg。如碳酸饮料中苯甲酸最大使用量为 0.2 g/kg，酱油、食醋中苯甲酸最大使用量为 1.0 g/kg。

4. 思考

(1)把苯甲酸从样品中分离出来的方法有哪些？

(2)检测食品中苯甲酸的方法还有哪些？

液相色谱法

1. 技术原理

样品经水提取，高脂肪样品经正己烷脱脂、高蛋白样品经蛋白质沉淀剂沉淀蛋白，采用液相色谱分离、紫外检测器检测，外标法定量。

2. 仪器与试剂

仪器：高效液相色谱仪、旋涡振荡器、离心机、匀浆机、水相微孔滤膜、塑料离心管等。

试剂：氨水溶液（1∶99）、亚铁氰化钾溶液（92 g/L）、乙酸锌溶液（183 g/L）、乙酸铵溶液（20 mmol/L）、甲酸－乙酸铵溶液（2 mmol/L 甲酸＋20 mmol/L 乙酸铵）、苯甲酸标准品（纯度≥99.0%）、苯甲酸标准储备溶液（1 000 mg/L）。

3. 实训步骤

（1）样品制备

取多个预包装的饮料、液态奶等均匀样品直接混合；非均匀的液态、半固态样品用组织匀浆机匀浆；固体样品充分粉碎并搅拌均匀；奶酪、黄油、巧克力等 50～60 ℃加热熔融并趁热充分搅拌均匀。取其中的 200 g 装入玻璃容器中，密封。液体样品于 4 ℃保存，其他样品于－18 ℃保存。

（2）样品提取

①一般性样品

准确称取 2.000 g 样品于 50 mL 具塞离心管中，加水约 25 mL，混匀，于 50 ℃水浴超声 20 min，冷却至室温后分别加入 2 mL 亚铁氰化钾溶液和乙酸锌溶液，混匀，于 8 000 r/min 离心 5 min，将水相转移至 50 mL 容量瓶中，于残渣中加水 20 mL，混匀后超声 5 min，再于 8 000 r/min 离心 5 min，将水相转移到同一 50 mL 容量瓶中，并用水定容至刻度，混匀。取适量上清液过 0.22 μm 滤膜，待液相色谱测定。

注：碳酸饮料、果酒、果汁、蒸馏酒等测定时可以不加蛋白质沉淀剂。

②含胶基的果冻、糖果等样品

准确称取 2.000 g 样品于 50 mL 具塞离心管中，加水约 25 mL，混匀后于70 ℃水浴加热溶解，50 ℃水浴超声 20 min，之后的操作同①。

③油脂、巧克力、奶油、油炸食品等高油脂样品

准确称取 2.000 g 样品于 50 mL 具塞离心管中，加 10 mL 正己烷，于水浴（60 ℃）加热 5 min，并不时轻摇动以溶解脂肪，然后加氨水（1∶99）25 mL、乙醇 1 mL，振荡，在

50 ℃水浴中超声 20 min，冷却至室温后分别加入 2 mL 亚铁氰化钾溶液和乙酸锌溶液，混匀，8 000 r/min 离心 5 min，弃去有机相，水相转移至 50 mL 容量瓶，残渣同①再提取一次后测定。

(3)仪器参考条件

色谱柱：C_{18}柱，柱长 250 mm，内径 4.6 mm，粒径 5 μm，或等效色谱柱；流动相：甲醇∶乙酸铵溶液 = 5∶95；流速：1 mL/min；检测波长：230 nm；进样量：10 μL。

(4)标准曲线的制作

将苯甲酸标准溶液注入液相色谱仪中，测定峰面积，以溶液的质量浓度为横坐标，以峰面积为纵坐标，绘制标准曲线。

(5)样品溶液的测定

将样品溶液注入液相色谱仪中，得到峰面积，根据标准曲线得到待测液中苯甲酸的浓度。

(6)分析结果的表述

样品中苯甲酸的含量按式(14－2)计算：

$$\omega = \frac{\rho \times V}{m \times 1\ 000} \qquad (14-2)$$

式中：ω——样品中待测组分含量，g/kg；ρ——由标准曲线得出的样品溶液中待测物的浓度，mg/L；V——样品定容体积，mL；m——样品质量，g；1 000——由 mg/kg 转换为 g/kg 的换算因子。

结果保留三位有效数字。

(7)精密度

在重复性条件下获得的两次独立测定结果的绝对差值不得超过算术平均值的 10%。

(8)其他

取样量 2 g、定容 50 mL 时，苯甲酸的检出限均为 0.005 g/kg，定量限均为 0.01 g/kg。

4. 思考题

(1)测定饮料中的苯甲酸时，需进行什么样的处理？原因何在？

(2)实验前的流动相应该如何处理，为什么？

气相色谱法

1. 技术原理

样品经盐酸酸化后，用乙醚提取苯甲酸，采用气相色谱仪（带氢火焰离子化检测器）进行分离测定，外标法定量。

2. 仪器与试剂

仪器：气相色谱仪（带氢火焰离子化检测器）、分析天平、旋涡振荡器、离心机、匀浆机、氮气吹干仪（氮吹仪）等。

试剂：盐酸溶液（1∶1）、氯化钠溶液（40 g/L）、正己烷－乙酸乙酯混合溶液、无水硫酸钠（Na_2SO_4）、标准品苯甲酸（纯度≥99.0%）、苯甲酸标准储备溶液（1 000 mg/L）。

3. 实训步骤

（1）样品制备

取多个预包装样品，其中均匀样品直接混合，非均匀样品用匀浆机充分搅匀，取其中的200 g装入洁净的玻璃容器中，密封，液体样品于4 ℃保存，其他样品于－18 ℃保存。

（2）样品提取

准确称取样品2.500 g于50 mL离心管中，加氯化钠0.5 g、盐酸溶液（1∶1）0.5 mL和乙醇0.5 mL，用15 mL和10 mL乙醚提取两次，每次振摇1 min后8 000 r/min离心3 min。将上层乙醚提取液通过无水硫酸钠过滤入25 mL容量瓶中。加乙醚清洗无水硫酸钠层并收集至约25 mL，最后乙醚定容，混匀。准确吸取5 mL乙醚提取液于5 mL具塞刻度试管中，于35 ℃氮吹至干，加入2 mL正己烷－乙酸乙酯混合溶液（1∶1）溶解残渣，待气相色谱测定。

（3）仪器参考条件

色谱柱：聚乙二醇毛细管气相色谱柱，内径320 μm，长30 m，膜厚度0.25 μm，或等效色谱柱。

载气：氮气，流速3 mL/min；空气：400 L/min；氢气：40 L/min；检测器温度：250 ℃。分流比：10∶1；柱温程序：初始温度80 ℃，保持2 min，以15 ℃/min的速率升温至250 ℃，保持5 min；进样量：2 μL。

（4）标准曲线的制作

将标准苯甲酸工作溶液分别注入气相色谱仪中，以质量浓度为横坐标，以峰面积为纵坐标,绘制标准曲线。

(5)样品溶液的测定

将样品溶液注入气相色谱仪中,得到峰面积,根据标准曲线得到待测液中苯甲酸的浓度。

(6)分析结果的表述

样品中苯甲酸含量按式(14-3)计算:

$$\omega = \frac{c \times V \times 25}{m \times 5 \times 1\ 000} \tag{14-3}$$

式中:ω——样品中待测组分含量,g/kg;c——由标准曲线得出的样品溶液中待测物的质量浓度,mg/L;V——加入正己烷-乙酸乙酯(1:1)混合溶剂的体积,mL;m——样品质量,g;25——样品乙醚提取液的总体积,mL;5——测定时吸取乙醚提取液的体积,mL;1 000——由 mg/kg 转换为 g/kg 的换算因子。结果保留三位有效数字。

(7)精密度

在重复性条件下获得的两次独立测定结果的绝对差值不得超过算术平均值的10%。

(8)其他

取样品2.5 g,按样品处理方法操作,最后定容到2 mL时,苯甲酸的检出限为0.005 g/kg,定量限均为0.01 g/kg。

(9)注意事项

①如果被测溶液含有气泡,则需要通过超声处理去除被测溶液中所含的气体。

②为获得良好的结果,标准溶液和样品的进样量要严格保持一致。

③样品和标准溶液应置于冰箱中保存。

4. 思考题

对苯甲酸进行定性和定量分析的方法有哪些?

实训项目十五
食品中淀粉含量的测定

1. 课前预习

（1）食品中的总糖含量与淀粉含量的关系。

（2）淀粉的基本理化性质。

2. 技能要求

（1）熟练掌握食品中淀粉含量的几种测定方法的适用范围。

（2）学会使用国标 GB/T 5009.9—2016 中酶水解法、酸水解法等测定常规食品以及肉制品中淀粉含量的基本操作技能。

3. 术语与定义

淀粉是细胞中碳水化合物最普遍的储藏形式，由葡萄糖分子聚合而成，通式为 $(C_6H_{10}O_5)_n$。淀粉在餐饮业中又称芡粉，水解到二糖阶段为麦芽糖，化学式为 $C_{12}H_{22}O_{11}$，完全水解后得到单糖（葡萄糖），化学式为 $C_6H_{12}O_6$。淀粉有直链淀粉和支链淀粉两类。

酶水解法

1. 技术原理

样品去除脂肪和可溶性糖后，淀粉用淀粉酶水解成小分子糖，以盐酸水解成单糖，最后按还原糖测定，结果乘以 0.9[还原糖（以葡萄糖计）换算成淀粉的换算系数]即得淀粉含量。

2. 仪器与试剂

仪器：分析天平、温度可加热至 100 ℃的恒温水浴锅、组织捣碎机以及电炉等。

试剂：甲基红指示液（2 g/L）、盐酸溶液（1∶1）、氢氧化钠溶液（200 g/L）、碱性酒石酸铜甲液及乙液、淀粉酶溶液（5 g/L、碘溶液、85% 乙醇溶液）、D－无水葡萄糖标准品（纯度≥98%）。

3. 实训步骤

(1)样品制备

①易于粉碎的样品

将样品磨碎,过40目筛,称取2~5 g(精确到0.001 g),置于放有折叠慢速滤纸的漏斗内,先用50 mL石油醚或乙醚分5次洗除脂肪,再用约100 mL 85%乙醇分次充分洗去可溶性糖类。根据样品的实际情况,可适当增加洗涤液的用量和洗涤次数,以保证干扰检测的可溶性糖类洗涤完全。滤干乙醇,将残留物移入250 mL烧杯中,并用50 mL水冲洗滤纸,洗液并入烧杯内,将烧杯置于沸水浴中加热15 min,使淀粉糊化,冷却至60 ℃以下,加20 mL淀粉酶溶液,55~60 ℃保温1 h,不断搅拌。然后取1滴该液加1滴碘溶液,应不显现蓝色。若显蓝色,再加热糊化并加20 mL淀粉酶溶液,继续保温,直至加碘溶液不显蓝色为止。加热至沸,冷后移入250 mL容量瓶中,加水至刻度,混匀,过滤,弃去初滤液。

取50 mL滤液,置250 mL锥形瓶中,加5 mL盐酸(1∶1),装上回流冷凝器,在沸水浴中回流1 h,冷后加2滴甲基红指示液,用氢氧化钠溶液(200 g/L)中和至中性,溶液转入100 mL容量瓶中,洗涤锥形瓶,洗液并入100 mL容量瓶中,加水至刻度,混匀备用。

②其他样品

称取一定量样品(蔬菜、水果需先洗净晾干取可食部分),准确加入适量水在组织捣碎机中捣成匀浆,称取相当于原样质量2.5~5 g(精确到0.001 g)的匀浆,以下按上述方法①中自“置于放有折叠慢速滤纸的漏斗内”起依法操作。

(2)测定

①标定碱性酒石酸铜溶液

吸取碱性酒石酸铜甲液和碱性酒石酸铜乙液各5 mL,置于150 mL锥形瓶中,加水10 mL,加入玻璃珠两粒,从滴定管滴加约9 mL葡萄糖标准溶液,控制在2 min内加热至沸,保持溶液呈沸腾状态,以每两秒一滴的速度继续滴加葡萄糖,直至溶液蓝色刚好褪去为终点,记录消耗葡萄糖标准溶液的总体积,同时做三份平行实验,取其平均值,计算每10 mL(甲、乙液各5 mL)碱性酒石酸铜溶液相当于葡萄糖的质量(mg)。

注:也可按上述方法标定4~20 mL碱性酒石酸铜溶液(甲、乙液各半)来适应试样中还原糖的浓度变化。

②试样溶液预测

分别吸取碱性酒石酸铜甲液和碱性酒石酸铜乙液各5 mL,置于150 mL锥形瓶中,加水10 mL,加入两粒玻璃珠,控制在2 min内加热至沸,保持沸腾为先快后慢的速度,从滴定管中滴加样品溶液,并保持溶液沸腾状态,待溶液颜色变浅时,以每两秒一滴的速度滴定,直至溶液蓝色刚好褪去为终点。记录样品溶液的消耗体积。如果样品溶液中葡萄糖浓度过高，应适当稀释后再进行正式测定，使每次滴定消耗样品溶液的体积控制在与标定碱性酒石酸铜溶液时所消耗的葡萄糖标准溶液的体积相近，约在10 mL左右。

③样品溶液测定

分别吸取碱性酒石酸铜甲液和碱性酒石酸铜乙液各 5 mL，置于 150 mL 锥形瓶中，加水 10 mL，加入两粒玻璃珠，从滴定管滴加比预测体积少 1 mL 的样品溶液至锥形瓶中，使其在 2 min 内加热至沸，保持沸腾状态继续以每两秒一滴的速度滴定，直至蓝色刚好褪去为终点，记录样液消耗的体积。同法平行操作 3 份，得出消耗的平均体积。结果按式(15－1)计算。

当浓度过低时，直接加入 10 mL 样品溶液，免去加水 10 mL，再用葡萄糖标准溶液滴定至终点，记录消耗的体积与标定时消耗的葡萄糖标准溶液体积之差相当于 10 mL 样品溶液中所含葡萄糖的量(mg)。结果按式(15－2)、式(15－3)计算。

④试剂空白测定

同时量取 20 mL 水及与样品溶液处理时相同量的淀粉酶溶液，按反滴法做试剂空白测定。即用葡萄糖标准溶液滴定试剂空白溶液至终点，记录消耗的体积与标定时消耗的葡萄糖标准溶液体积之差相当于 10 mL 样品溶液中所含葡萄糖的量(mg)。按式(15－4)、式(15－5)计算试剂空白中葡萄糖的含量。

(3)结果分析

①样品中葡萄糖含量按式(15－1)计算。

$$m_a = \frac{m_1}{\frac{50}{250} \times \frac{V_1}{100}} \qquad (15-1)$$

式中：m_a——所称样品中葡萄糖的量，mg；m_1——10 mL 碱性酒石酸铜溶液(甲、乙液各半)相当于葡萄糖的质量，mg；50——测定用样品溶液体积，mL；250——样品定容体积，mL；V_1——测定时平均消耗样品溶液体积，mL；100——测定用样品的定容体积，mL。

②当样品中淀粉浓度过低时葡萄糖含量按式(15－2)、式(15－3)进行计算。

$$m_b = \frac{m_2}{\frac{50}{250} \times \frac{10}{100}} \qquad (15-2)$$

$$m_2 = m_1\left(1 - \frac{V_2}{V_S}\right) \qquad (15-3)$$

式中：m_b——所称样品中葡萄糖的质量，mg；m_2——标定 10 mL 碱性酒石酸铜溶液(甲、乙液各半)时消耗的葡萄糖标准溶液的体积与加入样品后消耗的葡萄糖标准溶液体积之差相当于葡萄糖的质量，mg；50——测定用样品溶液体积，mL；250——样品定容体积，mL；10——直接加入的样品体积，mL；100——测定用样品的定容体积，

mL；m_1——10 mL 碱性酒石酸铜溶液（甲、乙液各半）相当于葡萄糖的质量，mg；V_2——加入样品后消耗的葡萄糖标准溶液体积，mL；V_S——标定 10 mL 碱性酒石酸铜溶液（甲、乙液各半）消耗葡萄糖标准溶液的体积，mL。

③试剂空白值按式计算。

依据上述方法，将公式（15－2）中的样品以空白替换，即得空白值，记作 X_0。

④样品中淀粉的含量按式（15－4）计算。

$$\omega = \frac{(m_i - m_0) \times 0.9}{m \times 1\,000} \times 100 \qquad (15-4)$$

式中：ω——每 100 g 样品中淀粉的含量，g；m_i——表示式（15－1）中 m_a 或式（15－2）中 m_b；m_0——空白中葡萄糖的质量，mg；0.9——还原糖（以葡萄糖计）换算成淀粉的换算系数；m——样品质量，g。结果每 100 g 样品中淀粉含量小于 1 g，保留两位有效数字。结果每 100 g 样品中淀粉含量大于等于 1 g，保留三位有效数字。

⑤精密度。

在重复性条件下获得两次独立测定结果的绝对差值不得超过其测定算术平均值的 10%。

酸水解法

1. 技术原理

样品除去脂肪及可溶性糖类后，淀粉用酸水解成具有还原性的单糖，然后按还原糖测定，计算结果乘以 0.9［还原糖（以葡萄糖计）换算成淀粉的换算系数］即得淀粉含量。

2. 仪器与试剂

仪器：分析天平、温度可加热至 100 ℃的恒温水浴锅、组织捣碎机、回流装置及电炉等。

试剂：甲基红指示液（2 g/L）、氢氧化钠溶液（400 g/L）、乙酸铅溶液（200 g/L）、硫酸钠溶液（100 g/L）、盐酸溶液（1∶1）、乙醇（85%）、碘溶液、乙醇溶液（85%）、D－无水葡萄糖标准品（纯度≥98%）。

3. 实训步骤

（1）样品制备

①易于粉碎的样品

称取 2～5 g（精确到 0.001 g）磨碎过 0.425 mm 筛（相当于 35 目）的样品，置于放有慢速滤纸的漏斗中，用 50 mL 石油醚或乙醚分 5 次洗去样品中的脂肪，弃去石油醚或乙醚。用 150 mL 乙醇(85%)分数次洗涤残渣,以完全除去可溶性糖类。根据样品的实际情况,可适当增加洗涤液的用量和洗涤次数,以保证干扰检测的可溶性糖类物质洗涤完全。滤干乙醇溶液,以 100 mL 水洗涤漏斗中残渣并转移至 250 mL 锥形瓶中,加入 30 mL 盐酸(1∶1),接好冷凝管,置沸水浴中回流 2 h。回流完毕后,立即冷却。待样品水解液冷却后,加入 2 滴甲基红指示液,先用氢氧化钠溶液(400 g/L)调至黄色,再用盐酸(1∶1)校正至样品水解液刚变成红色。若样品水解液颜色较深,可用精密 pH 试纸测试,使样品水解液的 pH 约为 7。然后加 20 mL 乙酸铅溶液(200 g/L),摇匀,放置 10 min。再加 20 mL 硫酸钠溶液(100 g/L),以除去过多的铅。摇匀后将全部溶液及残渣转入 500 mL 容量瓶中,用水洗涤锥形瓶,洗液合并入容量瓶中,加水稀释至刻度。过滤,弃去初滤液 20 mL,滤液供测定用。

②其他样品

称取一定量样品(蔬菜、水果需先洗净晾干取可食部分),准确加入适量水在组织捣碎机中捣成匀浆。称取相当于原样质量 2.5 ~ 5 g(精确到 0.001 g)的匀浆于 250 mL锥形瓶中,用 50 mL 石油醚或乙醚分 5 次洗去样品中脂肪,弃去石油醚或乙醚。以下按上述方法①中自“用 150 mL 乙醇(85%)”起操作。

(2)测定

按照酶水解法中的“(2)测定”步骤操作。

(3)实训结果分析

①样品中淀粉的含量按式(15-5)进行计算。

$$\omega = \frac{(m_1 - m_2) \times 0.9}{m \times \frac{V}{500} \times 1\ 000} \times 100 \qquad (15-5)$$

式中:ω——每 100 g 样品中淀粉的含量,g;m_1——测定用样品中水解液葡萄糖质量,mg;m_2——试剂空白中葡萄糖质量,mg;0.9——葡萄糖折算成淀粉的换算系数;m——称取样品质量,g;V——测定用样品水解液体积,mL;500——样品溶液总体积,mL。

②精密度。

在重复性条件下获得的两次独立测定结果的绝对差值不得超过算术平均值的 10%。

实训项目十六
食品中粗纤维含量的测定

1. 课前预习

(1)食品中的总糖含量与粗纤维含量的关系。

(2)粗纤维的基本理化性质及分类形式。

2. 技能要求

(1)学会使用国标 GB/T 5009.10—2003 植物类食品中粗纤维的测定方法。

(2)学会使用国标 GB/T 5515—2008 介质过滤法对粮食中粗纤维含量进行测定。

(3)学会使用出入境检验检疫行业标准 SN/T 0800.8—1999 的分析方法对粮食、饲料中粗纤维含量进行测定。

3. 术语与定义

粗纤维(Crude Fiber,CF)是植物细胞壁的主要组成成分,包括纤维素、半纤维素、木质素以及角质等成分。通常所说的粗纤维,就是膳食纤维,它是碳水化合物中的一类非淀粉多糖,人体很难消化吸收,并且大多数口感粗糙。

介质过滤法

1. 技术原理

本法适用于粗纤维含量高于 10 g/kg 的谷物、豆类以及动物饲料中粗纤维素含量的测定,其样品按规定的分析步骤,经过酸和碱消解后得到残渣,计算经干燥、灰化后损失的部分占样品的质量分数。具体原理为:样品用沸腾的稀硫酸处理后,残渣经过滤分离、洗涤后用沸腾的氢氧化钾溶液处理,处理后的残渣再经过滤、分离、洗涤、干燥并称量,然后灰化。灰化中损失的质量相当于样品中粗纤维的质量。

2. 仪器与试剂

仪器:分析天平、万能粉碎机、陶瓷筛板、灰化皿以及干燥器等。

试剂:盐酸溶液(0.5 mol/L)、硫酸溶液(0.13 ± 0.005 mol/L)、氢氧化钾溶液

(0.23 ±0.005 mol/L)、海砂或硅藻土545、正辛醇消泡剂、石油醚(沸程30 ~60 ℃)。

3. 实训步骤

(1)样品制备

样品用粉碎装置粉碎,使其能全部通过筛孔为1 mm的筛,然后将样品混合均匀。

(2)手工测定

①试料

称取1 g制备好的样品,准确至0.1 mg(mL)。如样品中脂肪含量超过100 g/kg,或样品中的脂肪不能用石油醚提取,应将样品转移至滤埚中,按预脱脂处理;如样品中脂肪含量不超过100 g/kg,则将样品转移至烧杯中。如果其碳酸盐(以碳酸钙计)超过50 g/kg,应进行碳酸盐处理;如果碳酸盐(以碳酸钙计)不超过50 g/kg,直接按酸消解方式进行操作。

②预脱脂

利用冷提取装置,在真空条件下,用30 mL石油醚将样品脱脂后,抽吸干燥残渣,重复3次,将残渣转移至烧杯中。

③除去碳酸盐

在样品中加入100 mL盐酸,并连续振摇5 min,缓慢地将溶液倒入铺有过滤辅料的滤埚中,为使尽可能少的物质留在过滤辅料上,小心地用水充分洗涤两次,每次100 mL,把滤埚中的物质转移至原来的烧杯里,按酸消解方式进行操作。

④酸消解

样品中加入150 mL硫酸,尽快加热至沸腾,并保持沸腾状态30 ±1 min。开始沸腾时,缓慢转动烧杯。如果起泡,应加入数滴消泡剂,并且开启冷却装置保持溶液体积不发生变化。

⑤第一次过滤

在滤埚中铺一层厚度约为滤埚高度1/5的过滤辅料,其上盖筛板以防溅起。酸消解结束时,将液体通过搅拌棒倾入滤埚中,用弱真空抽滤,使150 mL酸消解液几乎全部通过。如发生堵塞而无法抽滤时,用搅拌棒小心地拨开覆盖在过滤辅料上的粗纤维。残渣用热水洗涤5次,每次用水约10 mL。需要注意的是滤埚的筛板要始终有过滤辅料覆盖,粗纤维不能接触筛板。停止抽气,加入一定体积的刚好能覆盖残渣的丙酮试剂,静置数分钟后,缓慢抽滤除去丙酮,继续抽气,空气通过残渣,使其干燥。如果样品中的脂肪不能直接用石油醚提取,则按照脱脂操作,反之按照碱消解操作。

⑥脱脂

利用冷凝装置,样品在真空条件下用30 mL石油醚脱脂并抽吸干燥,重复3次。

⑦碱消解

将残渣定量转移至酸消解用的同一烧杯中。加入150 mL氢氧化钾溶液,尽快加热至沸腾并保持沸腾状态 30 ± 1 min，同时开启冷却装置，保持溶液体积不发生变化。

⑧第二次过滤

在滤埚中铺一层厚度约为滤埚高度 1/5 的过滤辅料，为防溅起，其上可盖一筛板，将烧杯中的物质过滤到滤埚中，残渣用热水洗涤至中性。抽真空条件下，残渣用丙酮洗涤 3 次，每次用丙酮 30 mL，每次洗涤后继续抽气以干燥残渣。

⑨干燥

滤埚置于灰化皿中，130 ℃干燥箱中至少干燥 2 h。加热或冷却过程中，滤埚的烧结滤板可能会部分松散，进而导致分析结果错误，因此应将滤埚置于灰化皿中。滤埚和灰化皿在干燥器中冷却，从干燥器中取出后，立即对滤埚和灰化皿进行称量，称量准确至 0.1 mg。

⑩灰化

滤埚和灰化皿放到马弗炉中，在 500 ± 25 ℃下灰化。每次灰化结束后，滤埚和灰化皿应在马弗炉中初步冷却，待温热时取出，置于干燥器中，使其完全冷却后再进行称量，直至冷却后两次的称量差值不超过 2 mg。最后一次称量结果记为 m_3，称量准确至 0.1 mg。

⑪空白测定

用大约相同数量的过滤辅料按上述方法进行空白测定，但不加样品。灰化引起的质量损失不应超过 2 mg。

（3）半自动测定

①试料

称取 1 g 制备的样品，准确至 0.1 mg（mL），转移至带有约 2 g 过滤辅料的滤埚中。如样品脂肪含量超过 100 g/kg，或者样品中的脂肪不能用石油醚提取，则按如下预脱脂处理。如果样品脂肪含量不超过 100 g/kg，其碳酸盐（以碳酸钙计）超过 50 g/kg，则按如下除去碳酸盐的方法处理；反之，按酸消解处理。

②预脱脂

将滤埚和冷提取装置连接，样品在真空条件下用 30 mL 石油醚脱脂后，抽吸干燥残渣，重复 3 次。如果其碳酸盐（以碳酸钙计）含量超过 50 g/kg，按除去碳酸盐的方法处理；反之，按酸消解处理。

③除去碳酸盐

将滤埚和加热装置连接后加入盐酸 30 mL，放置 1 min，洗涤过滤样品，重复 3 次。用约 30 mL 的水洗涤一次，然后按酸消解操作。

④酸消解

将消解圆筒和滤埚连接，将 150 mL 沸腾的硫酸缓慢加入带有滤埚的圆筒中，如果起泡，加入数滴消泡剂，尽快加热至沸腾，并保持剧烈沸腾 30 ± 1 min。

⑤第一次过滤

停止加热，打开排放管旋塞，在真空条件下，通过滤埚将硫酸滤出，残渣每次用 30 mL热水洗涤至少 3 次，洗涤至中性，每次洗涤后继续抽气以干燥残渣。如果过滤器堵塞，可小心吹气排除堵塞。如果样品中的脂肪不能直接用石油醚提取，则按照如下脱脂操作，反之按照碱消解操作。

⑥脱脂

连接滤埚和冷却装置，残渣在真空条件下用丙酮洗涤 3 次，每次用丙酮 30 mL。然后残渣在真空条件下用石油醚洗涤 3 次，每次用 30 mL 石油醚。每一次洗涤后继续抽气以干燥残渣。

⑦碱消解

关闭排出孔旋塞，将 150 mL 沸腾的氢氧化钾溶液转移至带有滤埚的圆筒，加入数滴消泡剂，尽快加热至沸腾，并保持剧烈沸腾 30 ± 1 min。

⑧第二次过滤

停止加热，打开排放管旋塞，在真空条件下通过滤埚将氢氧化钾溶液滤去，每次用 30 mL 热水至少清洗残渣 3 次，直至中性，每次洗涤后都要继续抽气以干燥残渣。如过滤器堵塞，可小心吹气排除堵塞。将滤埚连接到冷提取装置上，残渣在真空条件下每次用 30 mL 丙酮洗涤 3 次，每次洗涤后都要继续抽气以干燥。

⑨干燥

在灰化皿冷却的过程中，滤埚的烧结滤板可能会部分松动，进而导致分析结果错误，因此应将滤埚置于灰化皿中，然后在 130 ℃干燥箱中至少干燥 2 h。滤埚和灰化皿在干燥器中冷却后，取出立即对滤埚和灰化皿进行称量，结果记为 m_2，称量准确至 0. 1 mg。

⑩灰化

滤埚和灰化皿放到马弗炉中，在 500 ± 25 ℃下灰化。每次灰化后，滤埚和灰化皿在马弗炉中先初步冷却，待温热后取出置于干燥器中，使其完全冷却，再进行称量，直到冷却后两次的称量差值不超过 2 mg。最后一次称量结果记为 m_3，称量准确至 0. 1 mg。

⑪空白测定

用大约相同数量的过滤辅料按上述方法进行空白测定，但不加样品。灰化引起的质量损失不应超过 2 mg。

(4)结果分析

①样品中粗纤维的含量按式(16 - 1)计算。

$$\omega = \frac{m_2 - m_3}{m_1} \qquad (16-1)$$

式中：ω——样品中粗纤维的含量，g/kg；m_1——样品质量，g；m_2——灰化皿、滤埚以及在 130 ℃干燥后获得的残渣的质量，mg；m_3——灰化皿、滤埚以及在 500 ± 25 ℃

下灰化后获得的残渣的质量，mg。

②精密度

在重复性条件下获得的两次独立测定结果的绝对差值不得超过其测定算术平均值的10%。

简易法

1. 技术原理

在硫酸作用下，样品中的糖、淀粉、果胶质和半纤维素经水解除去后，再用碱处理，除去蛋白质及脂肪酸，剩余的残渣为粗纤维。如其中含有不溶于酸碱的杂质，可灰化后除去。

2. 仪器与试剂

仪器：分析天平、G2垂融坩埚等。

试剂：硫酸溶液(1.25%)、氢氧化钾溶液(1.25%)、石棉等。

3. 实训步骤

(1)样品制备及酸解

称取20～30 g捣碎的样品(或5 g干样品)，转入500 mL锥形瓶中，加200 mL煮沸的1.25%硫酸，加热使其微沸，保持体积恒定，维持30 min，每隔5 min摇动锥形瓶一次，以充分混合瓶内的物质。

(2)洗涤

取下锥形瓶，立即用亚麻布过滤，用沸水洗涤至洗液不呈酸性。

(3)测定

用200 mL煮沸的1.25%氢氧化钾溶液，将亚麻布上的存留物洗入原锥形瓶内，加热微沸30 min后，取下锥形瓶，立即用亚麻布过滤，以沸水洗涤2～3次后，移入已干燥称量的G2垂融坩埚或同型号的垂融漏斗中，抽滤，用热水充分洗涤后，抽干。再依次用乙醇和乙醚洗涤一次。将坩埚和内容物在105 ℃干燥箱中干燥后称量，重复操作，直至恒量。

如样品中含有较多的不溶性杂质，则可将样品移入石棉坩埚，干燥称量后，再移入550 ℃高温炉中灰化，使含碳的物质全部灰化，置于干燥器内，冷却至室温称量，所损失的量即为粗纤维量。

(4)结果分析

①样品中粗纤维的含量按式(16－2)计算。

$$\omega = \frac{m_1}{m} \times 100\% \qquad (16-2)$$

式中：ω——样品中粗纤维的含量；m_1——残余物的质量（或经高温炉损失的质量），g；m——样品的质量，g；

②精密度。

在重复性条件下获得的两次独立测定结果的绝对差值不得超过其测定算术平均值的10%。

商检行业标准测定

1. 技术原理

样品脱脂后用标准浓度的硫酸溶液煮沸，分离冲洗不溶的残渣，再用标准浓度的氢氧化钠溶液煮沸残渣，再分离、冲洗、干燥并扣除其灰分质量。

2. 仪器与试剂

仪器：分析天平、万能粉碎机、陶瓷筛板、灰化皿、干燥箱、消化容器以及干燥器等。

试剂：氢氧化钠标准溶液（0.313 ± 0.005 mol/L）、硫酸标准溶液（0.128 ± 0.003 mol/L）、乙醇（95%）、乙醚以及正辛醇等。

3. 实训步骤

（1）样品制备

取5～10 g样品，经粉碎后通过1.0 mm筛孔的样品不少于95%。收集粉碎物于磨口瓶中，混匀备用。若样品中脂肪含量超过10%，应先脱脂处理。

（2）样品测定

①取样

称取样品0.30～3.00 g，相当于含粗纤维0.03～0.15 g。

②酸处理

在装有样品的消化瓶中，加入预先在回流装置下煮沸的硫酸标准溶液20 mL，快速将消化瓶连接于冷凝管上并开始加热，消化瓶内容物在1 min内煮沸，并继续徐徐沸腾至30 min。消化过程中，每隔5 min摇动一次消化瓶，使内容物充分反应，并冲下附着在瓶壁上的残渣。消化30 min结束，停止加热，立即用减压过滤装置经G2玻璃砂芯坩埚过滤，用约95 ℃蒸馏水洗涤至洗涤液不呈酸性（可用石蕊试纸实验），将坩埚内的残渣全部移入原消化瓶内，如产生大量泡沫，可加几滴正辛醇做防泡剂。

③碱处理

加入预先在回流装置下煮沸的氢氧化钠标准溶液200 mL，操作同酸处理，加热微沸 30 min 后，再利用减压过滤装置经由原 G2 玻璃砂芯坩埚过滤，并用 95 ℃蒸馏水洗涤至中性。

④溶剂洗涤

在减压过滤装置上先用 20 ~ 25 mL 热乙醇（50 ~ 60 ℃）分三次洗涤残渣。再用 20 ~ 25 mL 乙醚分三次洗涤，抽净残留乙醚。

⑤干燥与灰化

先将坩埚连同残渣在 130 ± 2 ℃的干燥箱中干燥 2 h，取出，放入干燥器内冷却至室温，称重（准确至 0.5 mg）；再将其置于 550 ℃的高温炉中灼烧不少于 30 min，直至含碳物完全灰化，待高温炉降至 150 ℃，取出坩埚，放入干燥器冷却至室温后称重。同时做两个平行实验。

（3）结果分析

①样品中粗纤维的含量按式（16 - 3）计算。

$$\omega_1 = \frac{m_1 - m_2}{m} \times 100\% \tag{16-3}$$

式中：ω_1——样品中粗纤维的含量；m——样品质量，g；m_1——干燥后获得的残渣及坩埚的质量，g；m_2——灰化后获得的残渣及坩埚的质量，g。

②样品中干态粗纤维的含量按式（16 - 4）计算。

$$\text{干态粗纤维含量} = \frac{\omega_1}{1 - \omega_2} \times 100\% \tag{16-4}$$

式中：ω_1——样品中粗纤维的含量；ω_2——样品中水分及挥发物的质量百分率。取两次测定结果的算术平均值，数据取小数点后两位。

③精密度。

若粗纤维含量低于 2% 时，平行实验结果之绝对差值不应超过 0.10%；若粗纤维含量高于 2% 时，两个结果相对偏差不应超过 5%。

实训项目十七

水果及其制品中果胶的提取、测定及品质鉴定

1. 课前预习

（1）食品中的总糖含量与果胶含量的关系。

（2）果胶的基本分类及理化性质。

2. 技能要求

（1）熟练掌握水果及其制品中果胶的提取方式及其含量的测定。

(2)学会使用农业行业标准 NY/T 2016—2011 中果胶含量的基本操作技能。

(3)熟练掌握国家标准 GB 25533—2010 中对食品添加剂——果胶品质的具体要求。

3. 术语与定义

果胶的主要成分是部分甲酯化的 α-1,4-D-聚半乳糖醛酸,在适宜条件下其溶液能形成凝胶和部分发生甲氧基化(甲酯化,也就是形成甲醇酯),残留的羧基单元以游离酸的形式存在或形成铵、钾、钠和钙等盐。

水果及其制品中果胶的含量测定

1. 技术原理

用无水乙醇沉淀样品中的果胶,果胶经水解后生成半乳糖醛酸,在硫酸中与咔唑试剂发生缩合反应,生成紫红色化合物,该化合物在 525 nm 处有最大吸收,其吸收值与果胶含量成正比,以半乳糖醛酸为标准物质,标准曲线法定量。

2. 仪器与试剂

仪器:分光光度计、组织捣碎机、分析天平、恒温水浴振荡器、离心机。

试剂:67% 乙醇、pH = 0.5 的硫酸溶液、40 g/L 氢氧化钠溶液、1 g/L 咔唑乙醇溶液、半乳糖醛酸标准溶液。

3. 实训步骤

(1)样品制备

如样品为果酱及果汁类制品,需将样品搅拌均匀。如样品为新鲜水果,取可食部分,用自来水和去离子水依次清洗后,用干净纱布轻轻擦去其表面水分。苹果、桃等个体较大的样品采用对角线分割法,取对角可食部分,将其切碎,充分混匀;山楂、葡萄等个体较小的样品可随机取若干个体切碎混匀。用四分法取样或直接放入组织捣碎机中制成匀浆。汁液较少的样品可按一定质量比例加入去离子水,将匀浆后的样品冷冻保存。

(2)预处理

称取 1 ~ 5 g(精确至 0.001 g)样品置于 50 mL 刻度离心管中,加入少量滤纸屑,再加入无水乙醇(约 75 ℃),在水浴中(85 ℃)加热 10 min,充分振荡。冷却,再加无水乙醇使总体积接近 50 mL,400 r/min 离心 15 min,弃去上清液。在 85 ℃水浴中用乙醇溶液洗涤沉淀,离心分离,弃去上清液,此步骤反复操作,直至上清液中不再产生糖的莫氏反应(检验方法:取上清液 0.5 mL 注入小试管中,加入 5% α-萘酚的乙醇溶液 2~3 滴,充分混匀后溶液稍有白色混浊,然后使试管轻微倾斜,沿管壁慢慢加入硫酸 1 mL,若在两液层的界面不产生紫红色环,则证明上清液中不含有糖分)为止,保留沉淀 A。同时做空白实验。

(3)果胶提取液的制备

①酸提取法

将上述制备出的沉淀 A,用硫酸溶液(pH=0.5)全部洗入锥形瓶中,混匀,85 ℃水浴中加热 60 min,期间不断摇荡,冷却后移入 100 mL 容量瓶中,用 pH=0.5 的硫酸溶液定容,过滤,保留滤液 B 供测定。

②碱提取法

对于香蕉等淀粉含量高的样品宜采用碱提取法。将上述制备出的沉淀 A,用水全部洗入 100 mL 容量瓶中,加入 5 mL 氢氧化钠溶液,定容,混匀。放置至少 15 min,期间应不时摇荡,过滤,保留滤液 C 供测定。

③标准曲线的绘制

吸取 0 mg/L、20 mg/L、40 mg/L、60 mg/L、80 mg/L、100 mg/L 半乳糖醛酸标准溶液各 1 mL 于 25 mL 玻璃试管中,分别加入 0.25 mL 咔唑乙醇溶液,产生白色絮状沉淀,不断摇动试管,再快速加入 5 mL 硫酸,摇匀。立刻将试管放入 85 ℃水浴振荡器内水浴 20 min,取出后放入冷水中迅速冷却。1.5 h 内,用分光光度计在波长 525 nm 处测定标准溶液的吸光度,以半乳糖醛酸浓度为横坐标、吸光度为纵坐标,绘制标准曲线。

④样品的测定

吸取 1 mL 滤液 B 或滤液 C 于 25 mL 玻璃试管中,加入 0.25 mL 咔唑乙醇溶液,同标准溶液显色方法进行显色,在 1.5 h 内,于波长 525 mm 处测定其吸光度,根据标准曲线计算出滤液 B 或滤液 C 中果胶含量,以半乳糖醛酸计。按上述方法同时做空白实验,用空白调零。如果吸光度超过 100 mg/L 半乳糖醛酸的吸光度时,将滤液 B 或滤液 C 稀释后重新测定。

(4)结果分析

①样品中果胶含量以半乳糖醛酸质量分数 ω 计,单位为克每千克(g/kg),按式(17-1)进行计算。

$$\omega = \frac{c \times V}{m \times 1\,000} \tag{17-1}$$

式中:c——滤液 B 或滤液 C 中半乳糖醛酸质量浓度,mg/L;V——果胶沉淀 A 定容体积,mL;m——样品质量,g。计算结果保留三位有效数字。

②精密度。

在重复性条件下获得的两次独立测定结果的绝对差值不得超过其测定算术平均值的 10%。

实训项目十八
食品中叶绿素含量的测定

1. 课前预习

(1)食品中的叶绿素的形成及分布形式。

(2)叶绿素的分类及基本理化性质。

2. 技能要求

(1)熟练掌握食品中叶绿素含量测定的几种方法的适用范围。

(2)学会使用 GB/T 22182—2008 的分光光度法测定油菜籽中叶绿素含量。

(3)学会使用农业行业标准 NY/T 3082—2017 的分光光度法测定水果、蔬菜及其制品中叶绿素的含量。

3. 术语与定义

叶绿素主要有叶绿素 a 和叶绿素 b 等,它们不溶于水,而溶于乙醇、丙酮、乙醚、氯仿(三氯甲烷)等有机溶剂。叶绿素 a 分子式为 $C_{55}H_{72}O_5N_4Mg$,叶绿素 b 分子式为 $C_{55}H_{70}O_6N_4Mg$。叶绿素分子含有一个卟啉环的“头部”和一个叶绿醇的“尾巴”。

叶绿素是植物进行光合作用的重要色素物质。果蔬中大量存在叶绿素。随着果蔬的成熟衰老,叶绿素含量不断下降。水果在成熟衰老过程中,叶绿素分解后,可使其他种类色素如类胡萝卜素、花青素的颜色得以呈现。蔬菜在采摘后,叶绿素含量下降,出现萎蔫发黄,新鲜度明显降低,影响食用品质、加工性能和商品价值。

分光光度法

1. 技术原理

利用分光光度计测定叶绿素提取液在最大吸收波长下的吸光度,即可用朗伯 - 比尔定律计算出提取液中各色素的含量。此法快捷、简便。其原理如下:

叶绿素 a 和叶绿素 b 在 80% 丙酮提取液中在红光区的最大吸收峰分别为 663 nm 和 645 nm。在波长 663 nm 处叶绿素 a 和叶绿素 b 在该溶液中的比吸光系数分别为 82.04 和 9.27,在波长 645 nm 处的比吸光系数分别为 16.75 和 45.60,可根据加和性原则列出以下关系：

$$A_{663}=82.04c_a+9.27c_b \tag{18-1}$$

$$A_{645}=16.75c_a+45.60c_b \tag{18-2}$$

式中：A_{663}和A_{645}——叶绿素溶液在波长663 nm和645 nm时的吸光度；c_a和c_b——叶绿素a和b的浓度，mg/L。

由式(18－1)、(18－2)得：

$$c_a=12.72A_{663}-2.59A_{645} \tag{18-3}$$

$$c_b=22.88A_{645}-4.67A_{663} \tag{18-4}$$

将c_a和c_b相加即得叶绿素总量c_T：

$$c_T=c_a+c_b=20.29A_{645}+8.05A_{663} \tag{18-5}$$

另外，叶绿素a、叶绿素b在652 nm的吸收峰相交，两者有相同的比吸光系数（均为34.5），因此叶绿素总量还可以在652 nm处测得：

$$c_T=A_{652}/34.5 \tag{18-6}$$

因此，根据叶绿素的丙酮提取液对可见光谱的吸收特性，利用分光光度计在相应波长处测定提取液的吸光度，按照上面的公式就可以计算出提取液中叶绿素含量。再根据果蔬样品质量和提取液的体积，可以计算出果蔬组织中叶绿素的含量。

2. 仪器与试剂

仪器：分析天平、紫外－可见分光光度计、研钵、容量瓶、移液器、定量滤纸等。

试剂：丙酮溶液（80%）、纯碳酸钙粉、石英砂等。

3. 实训步骤

(1)样品制备

称取1 g新鲜果蔬样品放入研钵中，加0.5～1 g石英砂、约0.01 g碳酸钙粉及2～3 mL丙酮溶液，研磨成匀浆，再加80%丙酮溶液10 mL继续研磨至组织变白。静置3～5 min进行提取。将一张滤纸折叠后置于漏斗中，用80%丙酮润湿，沿玻璃棒将提取液倒入漏斗内，过滤到50 mL棕色容量瓶中，用丙酮溶液冲洗研钵、研棒和残渣数次，直至滤纸和残渣中无绿色为止，最后连同残渣一起倒入漏斗中，用80%丙酮溶液定容至50 mL，摇匀。

(2)测定

80%的丙酮溶液做空白参比调零，利用紫外－可见分光光度计分别于645 nm、663 nm、652 nm波长下测定吸光度。依照公式分别计算果蔬组织中叶绿素a、b和总叶绿素的含量。

(3)结果分析

按前面的公式计算得提取液中叶绿素a、b和总叶绿素的浓度，再按下式计算果蔬组织中叶绿素的含量,以每克果蔬组织鲜重中所含叶绿素的质量表示,即 mg/g。

样品中叶绿素含量按式(18－7)计算。

$$\omega=\frac{c\times V}{m\times 1\ 000} \tag{18-7}$$

式中:ω——样品叶绿素含量,mg/g;c——由上面公式得叶绿素的浓度,mg/L;V——样品丙酮提取液的最终体积,mL;m——所用果蔬组织鲜重,g。

(4)注意事项

①操作之前各器皿、用具必须用80%丙酮润洗。

②所计算出的叶绿素含量单位为 mg/g 鲜重。这一单位有时太小,使用不方便,可乘以1 000倍,以 μg/g 鲜重表示。

③为了避免叶绿素遇光分解,操作时应当在弱光下进行,研磨时间应尽可能短些。如果材料叶绿素含量较高,则应进行适当稀释。

④叶绿素提取液不能混浊,必须用定量滤纸过滤或进行高速低温离心。

⑤如果材料含水量很高,应用无水丙酮提取色素较好。

⑥分光光度计测定叶绿素含量,对分光光度计的波长精确度要求较高。如果波长与原吸收峰波长相差1 nm,则叶绿素 a 的测定误差为2%,叶绿素 b 为19%,使用前必须对分光光度计的波长进行校正。校正方法除按仪器说明书外,还应以纯的叶绿素 a 和 b 来校正。

4. 思考题

(1)破碎果蔬组织时,加入碳酸钙粉的作用是什么?

(2)叶绿素测定时应尽可能在低温和避光的条件下进行的原因是什么?

(3)为什么干材料提取叶绿素时要用80%丙酮,而不用无水丙酮?

原子吸收分光光度法

1. 技术原理

叶绿素 a 和叶绿素 b 的基本结构都是镁结合的卟琳环。因卟琳配位的镁可被氢置换形成脱镁叶绿素,因此从植物中分离出叶绿素, 以氢离子置换出镁离子,再用原子吸收分光光度计测镁的量即可计算出叶片中叶绿素的含量。测定时不能采用干法灰化和湿法硝化处理样品,而是通过萃取、洗涤等方法达到提取叶绿素不引进无机镁(无机镁盐)的目的。

2. 仪器与试剂

仪器:分析天平、原子吸收分光光度计、研钵、容量瓶、移液器等。

试剂:盐酸(1 mol/L)、无水乙醇、氧化镁、石油醚等。

3. 实训步骤

(1)样品制备

称取 2 g 样品置于研钵中,加入 20 mL 无水乙醇,研磨,过滤,以无水乙醇洗涤残渣至无色,然后把滤液定容于 50 mL 容量瓶中。

(2)测定

①标准曲线的配制

准确称取固体氧化镁粉末 0.331 7 g 于 100 mL 烧杯中,滴加 1 mol/L 盐酸使之溶解,然后把溶液转移到 200 mL 容量瓶中,用去离子水稀释至刻度,摇匀。此溶液浓度为 1 mg/mL。分别移取上述溶液 1 mL、2 mL、3 mL 于 50 mL 容量瓶中,定容,分别得到浓度为 0.2 μg/mL、0.4 μg/mL、0.6 μg/mL 的镁标准溶液。

②有机溶剂的萃取

移取上述提取液 4 mL 于分液漏斗中,加入石油醚萃取,然后加入去离子水洗涤有机相 3 次,分离后在有机相中加 0.8 mol/L 盐酸 20 mL,经振荡,分离出水相,定容于 50 mL 的容量瓶中,待测。

③测定

取上述液体,以原子吸收分光光度计测定。

(3)结果分析

进行标准加入萃取回收实验,确定回收率在 97% ~99% 之间,相对标准偏差为 2.5%。

(4)注意事项

为消除无机镁的干扰,把乙醇提取液转入石油醚中,再以去离子水洗去无机镁(用镁试剂检测洗涤效果)。

4. 思考题

如何消除样品中 Ca^{2+}、SO_4^{2-}、PO_4^{3-} 等离子的干扰?

实训项目十九
食品中钙含量的测定

1. 课前预习

食品中的钙的组成形式。

2. 技能要求

(1)掌握 EDTA 滴定法测定钙的方法。

(2)掌握高锰酸钾滴定法测定钙的方法。

3. 术语与定义

钙是人类骨、齿的主要无机成分,也是神经传递、肌肉收缩、血液凝结、激素释放和乳汁分泌等所必需的元素。人体肌肉、神经、体液和骨骼中,都有与 Ca^{2+} 结合的蛋白质。

EDTA 滴定法

1. 技术原理

EDTA 在不同的 pH 条件下可与多种金属离子形成稳定的络合物,它是一种氨羧络合剂。EDTA 与 Ca^{2+} 可以定量地形成金属络合物,其稳定性大于钙与指示剂所形成的络合物。当溶液 pH 为 12~14 时,可用 EDTA 的盐溶液直接滴定溶液中的 Ca^{2+},钙指示剂(NN)作为终点指示剂,钙指示剂在 pH > 11 时为纯蓝色,与钙结合可形成酒红色的 $NN-Ca^{2+}$。滴定过程中,EDTA 首先与游离态的 Ca^{2+} 结合,接近终点时夺取 $NN-Ca^{2+}$ 中的 Ca^{2+},使溶液由酒红色变为纯蓝色(即为滴定终点)。根据氨羧络合剂 EDTA 的用量计算钙的含量。

2. 仪器与试剂

仪器:分析天平、滴定管等。

试剂:钙指示剂、氰化钾溶液(1%)、氢氧化钠溶液(2 mol/L)、溶液(6 mol/L 盐酸)、柠檬酸钠溶液(0.05 mol/L)、钙标准溶液、EDTA 标准溶液(0.01 mol/L)等。

3. 实训步骤

（1）EDTA 标准溶液的标定

准确吸取钙标准溶液 10 mL 置于 100 mL 锥形瓶中，加水 10 mL，混匀后用2 mol/L 氢氧化钠溶液调至中性，再加入 1 滴 1% 氰化钾溶液、0.05 mol/L 柠檬酸钠溶液 2 mL、2 mol/L 氢氧化钠溶液 2 mL、5 滴钙指示剂，用 EDTA 标准溶液滴定至溶液由酒红色变为纯蓝色为终点。记录 EDTA 的用量 V(mL)。按式(19－1)计算每毫升 EDTA 标准溶液相当于钙的毫克数 c。

（2）样品处理

精确称量 3～5 g 固体样品或 5～10 g 液体样品，用干法灰化后，加 5 mL 盐酸（1:4），置水浴上蒸干，再加入 5 mL 盐酸（1:4）溶解并移入 25 mL 容量瓶中，用少量热去离子水多次洗涤容器，洗液并入容量瓶中，冷却后用去离子水定容。

（3）测定

准确移取 5 mL 样液（视钙含量而定），注入 100 mL 锥形瓶中，加 15 mL 水，用 2 mol/L 氢氧化钠溶液调至中性，加入 1 滴 1% 氰化钾溶液、0.05 mol/L 柠檬酸钠溶液 2 mL、2 mol/L 氢氧化钠溶液 2 mL、钙指示剂 5 滴，用 EDTA 溶液滴定至溶液由酒红色变为纯蓝色为终点。记录 EDTA 溶液用量 V。以蒸馏水代替样品做空白实验。

（4）结果分析

①样品中每毫升 EDTA 标准溶液相当于钙的毫克数按式(19－1)计算。

$$c = \frac{0.2 \times 10}{V} \times 100 \qquad (19-1)$$

式中：c——每毫升 EDTA 标准溶液相当于钙的毫克数，mg/mL；V——消耗 EDTA 标准溶液的体积，mL。结果以重复性条件下两次独立测定结果的算术平均值表示，保留小数点后三位。

②每百克样品中钙的毫克数按式(19－2)计算。

$$钙(mg/100\ g) = \frac{(V - V_0)c \times V_2}{m \times V_1} \times 100 \qquad (19-2)$$

式中：c——每毫升 EDTA 标准溶液相当于钙的毫克数，mg/mL；V——滴定样液消耗 EDTA 标准溶液的体积，mL；V_0——滴定空白消耗 EDTA 标准溶液的体积，mL；V_1——测定时取样液体积，mL；V_2——样液定容总体积，mL；m——样品质量，g。

计算结果以重复性条件下两次独立测定结果的算术平均值表示，保留小数点后三位。

③精密度。

在重复性条件下获得两次独立测定结果的绝对差值不得超过其测定算术平均值的 10%。

(5)注意事项

①样品处理可采用湿法消化:称取 2 ~5 g 样品,分别加入 5 ~8 mL 浓硫酸和浓硝酸,加热消化至试液澄清透明,冷却后定容至 100 mL,吸取样液 10 mL 按上述方法操作。

②盐酸溶解碳酸钙时,为防止喷溅,要用表面皿盖好烧杯后再加盐酸。

③氰化钾是剧毒物质,必须在碱性条件下使用,在酸性条件下生成氰化钾逸出。测定完的废液通过氢氧化钠和硫酸亚铁进行处理,生成亚铁氰化钠后才可倒掉。

④指示剂加入后应立即滴定,放置过久会导致终点不明显。

高锰酸钾滴定法

1. 技术原理

盐酸溶解灰化的样品后加入草酸铵溶液使其生成草酸钙沉淀。沉淀经洗涤后,溶解于稀硫酸中,游离出的草酸用高锰酸钾标准溶液滴定,$C_2O_4^{2-}$ 被氧化为二氧化碳,Mn^{7+} 被还原为 Mn^{2+}。生成的草酸和硫酸钙物质的量相等,从而计算出钙的含量,当溶液中存在 $C_2O_4^{2-}$ 时,加入高锰酸钾,发生氧化还原反应,红色立即消失,$C_2O_4^{2-}$ 完全被氧化后,高锰酸钾的颜色不再消失,呈现微红色,即为滴定终点,可以精确测定钙含量。

2. 仪器与试剂

仪器:同 EDTA 滴定法。

试剂:盐酸(1:4)、乙酸溶液(1:4)、氢氧化铵溶液(1:4)、甲基红指示剂(0.1%)、草酸铵溶液(4%)、硫酸溶液(2 mol/L)、氢氧化铵溶液(2%)、高锰酸钾标准溶液(0.02 mol/L)。

3. 实训步骤

(1)样品处理

含钙量低的样品用干法灰化,含钙量高的样品用湿法消化。

①干法灰化

精确称量 3 ~5 g 固体样品或 5 ~10 g 液体样品,干法灰化后加入盐酸 5 mL,置水浴锅上蒸干,再加入盐酸 5 mL 溶解并移入 25 mL 容量瓶中,用热去离子水反复洗涤灰化容器,洗液一并转入容量瓶中,冷却后用去离子水定容。

②湿法消化

称取 2 ~5 g 样品于凯氏烧瓶中,加 10 mL 浓硫酸,置电炉上低温加热至黑色黏稠状,继续升温,滴加 2 mL 高氯酸,若溶液不透明,再加 1 ~2 mL 高氯酸,至溶液澄清透明后再加热 20 min,冷却后移入 50 mL 容量瓶定容。

(2)测定

准确吸取 5 mL 样液(含钙 1～10 mg)转入 15 mL 离心管中,加入 1 滴甲基红、4% 草酸铵 2 mL、乙酸 0.5 mL,摇匀,用氢氧化铵调至微蓝色,再用乙酸调至微红色。静置 2 h,沉淀完全析出后离心 15 min,弃去上清液,用滤纸吸干管内溶液,向离心管加少量 2% 氢氧化铵,用手指弹动离心管,使沉淀松动,再加入 10 mL 2% 氢氧化铵,离心 20 min除去上清液,向沉淀中加入 2 mL 2 mol/L 的硫酸,摇匀,于 70～80 ℃水浴中加热,将沉淀全部溶解,用 0.02 mol/L 高锰酸钾标准溶液滴定至微黄色 30 s 不褪色为终点,记录高锰酸钾标准溶液消耗量。

(3)结果分析

①每百克试样中钙的毫克数按式(19-3)计算。

$$钙(mg/100\ g)=\frac{5c\times V\times V_2\times 40.08}{2m\times V_1}\times 100 \qquad (19-3)$$

式中:c——高锰酸钾标准溶液浓度,mol/L;V——高锰酸钾标准溶液耗用体积,mL;V_1——用于测定的样液体积,mL;V_2——样液定容总体积,mL;m——样品质量,g;40.08——钙的摩尔质量,g/mol。

计算结果以重复性条件下两次独立测定结果的算术平均值表示,保留小数点后三位。

②精密度。

在重复性条件下获得的两次独立测定结果的绝对差值不得超过其测定算术平均值的 10%。

(4)注意事项

①草酸铵应在溶液为酸性时加入,然后再加氢氧化铵,如若加入顺序相反,样液中的钙就会与样品中的磷酸结合成磷酸钙沉淀,导致结果不准确。

②滴定过程要不断摇动,并保持在 70～80 ℃温度下进行。

实训项目二十
食品中铁含量的测定

1. 课前预习

食品中的铁的存在形式。

2. 技能要求

(1)掌握邻二氮菲比色法测定铁含量的方法。

(2)掌握硫氰酸钾比色法测定铁含量的方法。

3. 术语与定义

食物中的铁分为血红素铁和非血红素铁,动物肝脏、血、肉中主要是血红素铁,可直接被吸收,吸收率高;植物性食物中主要是非血红素铁,主要以氢氧化铁络合物的形式存在,在胃酸作用下,还原成亚铁离子,再与肠内容物中的维生素C、某些糖及氨基酸形成络合物,在十二指肠及空肠吸收,所以维生素C可以促进食物中非血红素铁的有效吸收。

邻二氮菲比色法

1. 技术原理

邻二氮菲(又称邻菲罗啉、菲咯啉)在 pH =2 ~9 的溶液中,能与 Fe^{2+} 生成稳定的橙红色络合物,在波长 510 nm 处有最大吸收,其吸光度与铁含量成正比,可用比色法测定。显色前,可用盐酸羟胺把 Fe^{3+} 还原为 Fe^{2+} 后,再进行显色反应。

2. 仪器与试剂

仪器:分析天平、分光光度计等。

试剂:盐酸羟胺溶液(10%)、浓硫酸、盐酸溶液(1 mol/L)、乙酸钠溶液(10%)、高锰酸钾溶液(2%)、邻二氮菲水溶液(新鲜配制,0. 12%)、铁标准贮备液(Fe^{3+} 100 μg /mL)。

3. 实训步骤

(1)样品处理

称取 10 g 均匀样品,干法灰化后,加盐酸 2 mL 于水浴上蒸干,再加入 5 mL 蒸馏水,加热煮沸、冷却,转入 100 mL 容量瓶中,用水定容、摇匀,备用。

(2)标准曲线绘制

准确吸取铁标准贮备液 0 mL、1 mL、2 mL、3 mL、4 mL、5 mL,分别置于 50 mL 容量瓶中,加入 1 mol/L 盐酸 1 mL、10% 盐酸羟胺 1 mL、0. 12% 邻二氮菲 1 mL、10% 乙酸钠 5 mL,然后用水稀释至刻度摇匀。10 min 后,以不加铁标准贮备液的试剂空白做参比,在510 nm波长处测定各溶液的吸光度,以含铁量为横坐标、吸光度为纵坐标,绘制标准曲线。

(3)样品测定

准确吸取样液5~10 mL(视铁含量的高低)于50 mL容量瓶中,按标准曲线的制作步骤,加入各种试剂,测定吸光度,在标准曲线上查出相对应的铁含量(μg)。

(4)结果分析

①每百克样品中铁的微克数按式(20-1)计算。

$$铁(\mu g/100\ g) = \frac{m_2 \times V_2}{m_1 \times V_1} \times 100 \qquad (20-1)$$

式中:m_2——从标准曲线上查得测定用样液相应的铁含量,μg;V_1——测定用样液体积,mL;V_2——样液总体积,mL;m_1——样品质量,g。

计算结果以重复性条件下两次独立测定结果的算术平均值表示,保留小数点后三位。

②精密度。

在重复性条件下获得的两次独立测定结果的绝对差值不得超过其测定算术平均值的10%。

(5)注意事项

①邻二氮非也能与Cu^{2+}、Ni^{2+}、Co^{2+}、Zn^{2+}、Hg^{2+}、Cd^{2+}、Mn^{2+}等离子生成稳定的络合物,这些离子量少时不影响测定,这些离子量大时可用EDTA掩蔽或预先分离。

②试剂加入的顺序不能随意改变,否则会因为Fe^{3+}水解等原因造成较大误差。

③样品制备过程中要防止各种污染,所用设备必须是不锈钢制品,所用容器必须使用玻璃或聚乙烯制品。

④10%乙酸钠加入的目的是调节溶液pH值至3~5,使Fe^{2+}更好地与邻二氮非定量地络合,发色较为完全。

硫氰酸钾比色法

1. 技术原理

在酸性溶液中,铁离子与硫氰酸钾作用,生成砖红色的硫氰酸铁络合物,其颜色的深浅与铁离子浓度成正比,可用比色法测定。

2. 仪器与试剂

仪器:分析天平、分光光度计等。

试剂:浓硫酸、硫氰酸钾溶液(20%)、过硫酸钾溶液(2%)、高锰酸钾溶液(2%)、铁标准贮备液(Fe^{3+} 100 μg/mL)。

3. 实训步骤

(1)样品处理

称取 10 g 均匀样品,干法灰化后,加盐酸(1:1)2 mL 于水浴上蒸干,再加入 5 mL 蒸馏水,加热煮沸,冷却,移入 100 mL 容量瓶,用水定容,摇匀。

(2)标准曲线的测定

准确吸取铁标准贮备液 0 mL、1 mL、2 mL、3 mL、4 mL、5 mL,分别移入 25 mL 容量瓶或比色管中,再各加入蒸馏水 5 mL、浓硫酸 0.5 mL、2% 过硫酸钾 0.2 mL、20% 硫氰酸钾 2 mL,混匀后稀释至刻度,以试剂空白做参比,在 585 nm 处测定吸光度。以铁含量(μg)为横坐标、吸光度为纵坐标,绘制标准曲线。

(3)样品测定

准确吸取 5 ~ 10 mL 样品溶液置于 25 mL 容量瓶或比色管中,以下操作同标准曲线的绘制。根据测得的吸光度,从标准曲线上查得相对应的铁含量。

(4)结果分析

①每百克样品中铁的微克数按式(20 - 2)计算。

$$\text{铁}(\mu g/100\ g) = \frac{m_2 \times V_2}{m_1 \times V_1} \times 100 \tag{20-2}$$

式中:m_2——从标准曲线上查得相当于铁的含量,μg;V_1——测定用样液体积,mL;V_2——样液总体积,mL;m_1——测定时样品溶液相当于样品的质量,g。

计算结果以重复性条件下两次独立测定结果的算术平均值表示,保留小数点后三位。

②精密度。

在重复性条件下获得的两次独立测定结果的绝对差值不得超过其测定算术平均值的 10%。

(3)注意事项

①测定用蒸馏水应为无铁蒸馏水。

②加入过硫酸钾的目的是防止 Fe^{3+} 转变成 Fe^{2+}。

③硫氰酸铁的稳定性较差,时间不宜过长,否则红色容易消退,因此,比色测定最好在规定时间内完成。

实训项目二十一
有效酸度——pH 值的测定

1. 课前预习

(1)食品中的有效酸度测定意义及与总酸度的关系。

(2)有效酸度的快速鉴定方法与精确测定。

2. 技能要求

(1)掌握 pH 值测定的原理及意义。

(2)掌握酸度计的基本使用方法。

3. 术语与定义

有效酸度是指溶液中 H^+ 的浓度,反映已离解酸的浓度,常用 pH 值表示。pH 的测定方法有很多,如电位法、比色法和化学法等,常用酸度计测定。

酸度计法

1. 技术原理

利用酸度计测定溶液 pH 值的原理是将玻璃电极和甘汞电极插在被测样品中,组成一个电化学原电池,其电动势的大小与溶液 pH 值的关系见式(21-1):

$$E = E^0 - 0.059\text{pH}(25\ ℃) \qquad (21-1)$$

即在 25 ℃时,每相差一个酸度值单位,就产生 59.1 mV 电极电位,从而可通过测量原电池电动势,在 pH 计上直接读出被测样品的 pH 值。

2. 仪器与试剂

仪器:分析天平、酸度计、复合电极等。

试剂:pH =4.02 的邻苯二甲酸氢钾(优级纯)标准缓冲溶液(20 ℃)、pH =6.88 的磷酸盐缓冲溶液(20 ℃)、pH =9.22 的硼砂标准缓冲溶液(20 ℃)。

3. 实训步骤

(1)样品处理

新鲜果蔬样品,将其各部位捣碎混匀,取均匀汁液测定。罐藏制品,将内容物倒入组织捣碎机中,并加入少量蒸馏水(一般 100 g 样品加少于 20 mL 的蒸馏水),捣碎混匀,过滤,滤液进行测定。生肉和果蔬干制品,称取 10 g 搅碎的样品(肉类除去油脂),放入 100 mL 新煮沸冷却的蒸馏水中,浸泡 15 ~ 20 min,不时搅拌,过滤,取滤液进行测定。牛乳、果汁等液体样品,可直接取样测定。布丁、土豆沙拉等半固体样品,在 100 g 样品中加入 10 ~ 20 mL 蒸馏水,搅拌均匀即为试液。

(2)仪器校正

开启酸度计电源,预热 30 min,连接复合电极。选择适当 pH 值的缓冲溶液,测量缓冲液的温度,调节温度补偿旋钮至实际温度。将电极浸入缓冲溶液中,调节定位旋钮,使酸度计显示的 pH 值与缓冲溶液的 pH 值相符。校正后定位调节旋钮不可再旋动,否则必须重新校正。

(3)样品测定

电极和烧杯先用新鲜蒸馏水冲洗干净,再用试液洗涤,然后将电极浸入试液中,轻轻摇动烧杯,使试液均匀。调节温度补偿旋钮至被测试液的温度,酸度计显示的 pH 值即为被测试液的 pH 值。测量完毕后,将电极和烧杯清洗干净,妥善保存。

(4)注意事项

①制备好的试液应立即测定,不宜久存。

②初次使用久置的复合电极时,一定要先在饱和氯化钾溶液中浸泡 24 h 以上。

实训项目二十二
食品中挥发性酸的测定

1. 课前预习

(1)食品中挥发性酸的组成形式。

(2)食品中挥发性酸与常用防腐剂之间的关联。

2. 技能要求

(1)掌握挥发性酸测定的意义。

(2)掌握挥发性酸测定的原理和方法。

(3)熟悉 GB/T 10467—1989 水果和蔬菜产品中挥发性酸的测定。

3. 术语与定义

食品中易挥发的有机酸,如甲酸、乙酸及丁酸等低碳链的直链脂肪酸,其酸度可通过蒸馏法分离,再利用标准碱液滴定来测定。

食品中挥发性酸的种类是判别某些制品腐败的标准,如某些发酵制品中如有甲酸积累,则说明已发生细菌性腐败;挥发性酸的含量也是某些制品质量好坏的指标,如水果发酵制品中含有 0.1% 以上的乙酸,则说明制品已腐败;牛乳及其制品中乳酸含量过高,说明已由乳酸菌发酵而产生腐败。

蒸馏法

1. 技术原理

挥发性酸可用水蒸气蒸馏法分离,再加入磷酸使结合的挥发性酸离析。挥发性酸经冷凝收集后,用标准碱液滴定。根据消耗标准碱液的浓度和体积计算挥发性酸的含量。

2. 仪器与试剂

仪器:分析天平、水蒸气蒸馏装置(见图 22 - 1)。

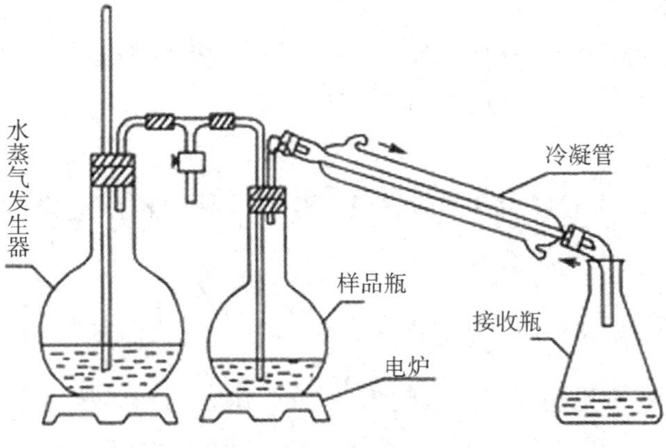

图 22 - 1 水蒸气蒸馏装置示意图

试剂:氢氧化钠标准溶液(0.01 mol/L)、酚酞指示剂、磷酸(10%)。

3. 实训步骤

(1)样品制备

①新鲜果蔬样品

取待测样品(苹果、橘子、冬瓜等)适量,洗净、沥干,可食部分按四分法取样置于组织捣碎机中,加一定量的水捣成匀浆。多汁果蔬类不需加水直接捣浆。

②液体制品和容易分离出液体的制品

将样品(果汁、糖浆水、泡菜水等)充分混匀,若样品中有固体颗粒,可过滤分离。若样品在发酵过程中产生二氧化碳,应量取约100 mL样品置于500 mL长颈瓶中,减压环境下振摇2~3 min,除去二氧化碳。为避免形成泡沫,可在样品中加入少量消泡剂,如50 mL样品加入0.2 g鞣酸。

③黏稠或固态制品

果酱等黏稠样品加一定量水,软化后置于组织捣碎机中,捣成匀浆。

④冷冻制品

将冷冻制品于密闭容器中解冻后,定量转移至组织捣碎机中捣碎均匀。

(2)取样

准确称取2~3 g样品(根据挥发性酸含量的多少而增减),用50 mL煮沸过的蒸馏水洗入250 mL烧瓶中。加入1 mL 10%磷酸。连接水蒸气蒸馏装置,加热蒸馏至馏出液达300 mL。在相同条件下做空白实验。(水蒸气发生瓶内的水应预先煮沸10 min,以除去二氧化碳)。

(3)蒸馏及测定

将馏出液加热至60~65 ℃,加入3~4滴酚酞指示剂,用0.1 mol/L氢氧化钠标准溶液滴定至微红色,并于30 s不褪色为终点。

(4)结果分析

①样品中挥发性酸以每100 mL或100 g样品中乙酸克数表示,按式(22-1)计算。

$$\text{挥发酸含量(以乙酸计,\%)} = \frac{c \times (V_1 - V_2)}{m} \times 0.06 \times 100 \qquad (22-1)$$

式中:c——氢氧化钠标准溶液的浓度,mol/L;V_1——样液滴定时氢氧化钠标准溶液用量,mL;V_2——空白滴定时氢氧化钠标准溶液用量,mL;m——样品质量,g;0.06——1 mmol乙酸质量,g/mmol。

计算结果以重复性条件下两次独立测定结果的算术平均值表示,保留小数点后三位。

②精密度。

连续两次测定结果(每100 mL或100 g样品中乙酸)之差不能高于12 mg。

(5)注意事项

若样品含二氧化硫、山梨酸、苯甲酸、甲酸等防腐剂,则测定馏出液中防腐剂的量,以校正其滴定结果。

实训项目二十三
食品中碘含量的测定

1. 课前预习

食品中碘的存在形式。

2. 技能要求

(1)掌握碘含量测定的原理。

(2)掌握氯仿萃取比色法测定碘含量的方法。

3. 术语与定义

碘是人体的必需微量元素之一,有"智力元素"之称。健康成人体内碘的总量约为30 mg(20 ~50 mg),其中70% ~80%存在于甲状腺。同时,碘与人类的健康息息相关,是维持人体甲状腺正常功能所必需的元素。人体如若缺碘,就会患甲状腺肿。海带、海鱼等含碘丰富的食品,对甲状腺肿大的防治有积极效果。

氯仿萃取比色法

1. 技术原理

样品在碱性条件下灰化,碘被有机物还原成碘离子后与碱金属离子结合成碘化物,该化合物不会因高温灰化而使碘升华。碘化物在酸性条件下会被重铬酸钾氧化析出游离碘,碘溶于氯仿后呈粉红色,根据颜色的深浅通过比色法测定碘的含量。

2. 仪器与试剂

仪器:分析天平、分光光度计、干燥箱、烧杯、容量瓶等。

试剂:氢氧化钾溶液(10 mol/L)、重铬酸钾溶液(0.02 mol/L)、浓硫酸、氯仿、碘标准溶液。

3. 实训步骤

(1)碘标准曲线的绘制

准确吸取 10 μg/mL 碘标准溶液 0 mL、2 mL、4 mL、6 mL、8 mL、10 mL 分别置于 125 mL 分液漏斗中,加水至 40 mL,再加入浓硫酸 2 mL、0.02 mol/L 重铬酸钾溶液 15 mL,摇匀后静置 30 min,加入 10 mL 氯仿,振摇 1 min,静置分层后用棉花将氯仿层过滤至比色皿中,用分光光度计于 510 nm 波长处测定吸光度,并绘制标准曲线。

(2)样品处理

样品调成匀浆状,称取 2 ~ 4 g 置于坩埚中,加入 10 mol/L 氢氧化钾溶液 5 mL,先在干燥箱中干燥后,移入高温炉中于 600 ℃ 灰化呈白色灰烬。取出冷却后加水 10 mL,加热溶解,过滤到 50 mL 容量瓶中,再用 30 mL 热水分次洗涤过滤于 50 mL 容量瓶中,用水定容至刻度。

(3)测定

根据样品含碘量的高低,吸取一定量样液置于 125 mL 分液漏斗中,以下步骤同标准曲线制作,测定样液吸光度,在标准曲线上查出相应的碘含量。

(4)结果分析

①样品每百克样品中碘的微克数按式(23 - 1)计算。

$$\text{碘}(\mu g/100\ g) = \frac{m_1 \times V_0}{m \times V} \times 100 \qquad (23-1)$$

式中:m_1——在标准曲线上查得的测定用样液中的碘量,μg;V——测定时吸取样液的体积,mL;V_0——样液总体积,mL;m——样品质量,kg。

计算结果以重复性条件下两次独立测定结果的算术平均值表示,保留小数点后三位。

②精密度。

在重复性条件下获得的两次独立测定结果的绝对差值不得超过其测定算术平均值的 10%。

(5)注意事项

①样品灰化后一定要以热水分多次洗涤并过滤,以避免碘的损失。

②吸取样液量要合适,保证其吸光度尽量在标准曲线内。

实训项目二十四
食品中亚硝酸盐含量的测定

1. 课前预习

(1)食品中亚硝酸盐的存在形式。

(2)食品中亚硝酸盐的主要作用。

2. 技能要求

(1)掌握亚硝酸盐测定的原理、方法和意义。

(2)掌握 GB 5009.33—2016 食品中亚硝酸盐和硝酸盐含量的测定。

3. 术语与定义

硝酸盐和亚硝酸盐广泛存在于人类环境中,是自然界中最普遍的含氮化合物。人体内硝酸盐在微生物的作用下可还原为亚硝酸盐和 N - 亚硝基化合物的前体物质。

作为肉制品护色剂,亚硝酸盐可与肉制品中的肌红蛋白反应生成玫瑰色亚硝基肌红蛋白,增进肉的色泽;还可增进肉的风味,能够防止肉毒杆菌的生长,并能延长肉制品的货架期。

盐酸萘乙二胺法

1. 技术原理

在酸性条件下,亚硝酸盐与对氨基苯磺酸发生重氮化反应生成重氮盐,此重氮盐再与盐酸萘乙二胺发生偶合反应,生成紫红色偶氮化合物,其颜色深浅与亚硝酸含量成正比,故可用比色法测定。

2. 仪器与试剂

仪器:分析天平、紫外 - 可见分光光度计、组织捣碎机等。

试剂:硼砂饱和溶液、亚铁氰化钾溶液(10.6%)、乙酸锌溶液(22%)、氢氧化铝乳液、对氨基苯磺酸溶液(0.4%)、盐酸萘乙二胺溶液(0.2%)、亚硝酸钠标准溶液(5 μg/mL)。

3. 实训步骤

(1)样品预处理

①肉制品(红烧类除外)

称取经搅拌混合均匀的样品 5 g 于 50 mL 烧杯中,加入 12.5 mL 硼砂饱和溶液,用玻璃棒搅拌,然后用 300 mL 70 ℃的重蒸水将其洗入 500 mL 容量瓶中,沸水浴中加热 15 min,取出,加入 5 mL 亚铁氰化钾溶液,摇匀,再加 5 mL 乙酸锌溶液,沉淀蛋白质。冷却到室温后用重蒸水定容,摇匀,放置片刻,除去上层脂肪,用滤纸过滤得清澈滤液,备用。

②果蔬类产品

样品用组织捣碎机打浆。称取适量浆液(视样品中硝酸盐含量而定,如青刀豆取 10 g,桃子、菠萝取 30 g),置于 500 mL 容量瓶中。加 200 mL 水,摇匀,再加 100 mL 果蔬抽提液(如滤液有白色悬浮液,可适当减少),振摇 1 h,加 2.5 mol/L 氢氧化钠溶液 40 mL,用重蒸水定容后立即过滤。然后取 60 mL 滤液于 100 mL 容量瓶中,加氢氧化铝乳液至刻度。用滤纸过滤,滤液应无色透明。

(2)亚硝酸钠标准曲线的绘制

精确吸取亚硝酸钠标准液(5 μg/mL) 0 mL、0.2 mL、0.4 mL、0.6 mL、0.8 mL、1 mL、1.5 mL、2 mL、2.5 mL(各含 0 μg、1 μg、2 μg、3 μg、4 μg、5 μg、7.5 μg、10 μg、12.5 μg亚硝酸钠)分别加入 50 mL 容量瓶中,并加水至 25 mL,再分别加 0.4% 对氨基苯磺酸溶液 2 mL,摇匀。静置 3 ~5 min 后,加入 1 mL 0.2% 盐酸萘乙胺溶液,并用重蒸水定容到 50 mL,摇匀,静置 15 min 后,在 540 nm 波长下测吸光度,以蒸馏水为空白,以测得的吸光度对应的亚硝酸浓度做曲线。

(3)测定

将 40 mL 待测样液放入 50 mL 容量瓶中,加 2 mL 0.4% 对氨基苯磺酸溶液,摇匀。静置 3 ~5 min 后,加入 1 mL 0.2% 盐酸萘乙胺溶液,比色测定,记录吸光度。从标准曲线上查得相应的亚硝酸钠浓度(μg/mL),计算样品中亚硝酸盐(以亚硝酸钠计)的含量。

(4)结果分析

①每千克肉制品样品中亚硝酸盐的毫克数按式(24 -1)计算。

$$\text{肉制品中亚硝酸盐含量(mg/kg)} = \frac{c \times \frac{1}{1\,000} \times 1\,000}{m \times \frac{40}{500} \times \frac{1}{50}} \tag{24-1}$$

式中:c——测得的吸光度在标准曲线上对应的亚硝酸钠质量浓度,μg/mL;m——样品质量,g。计算结果以重复性条件下两次独立测定结果的算术平均值表示,保留小数点后三位。

②每千克红烧肉类和果蔬类中亚硝酸盐毫克数按式(24－2)计算。

$$红烧肉、果蔬类中亚硝酸盐含量(mg/kg)=\frac{c\times\frac{1}{1\,000}\times 1\,000}{m\times\frac{60}{500}\times\frac{40}{100}\times\frac{1}{50}} \quad (24-2)$$

式中：c——测得的吸光度在标准曲线上对应的硝酸钠质量浓度，μg/mL；m——样品质量，g。

计算结果以重复性条件下两次独立测定结果的算术平均值表示，保留小数点后三位。

③精密度。

在重复性条件下获得的两次独立测定结果的绝对差值不得超过其测定算术平均值的10%。

离子色谱法

1. 技术原理

样品经沉淀蛋白质、除去脂肪后，采用相应的方法提取和净化，以氢氧化钾溶液为淋洗液，阴离子交换柱分离，电导检测器或紫外检测器检测。以保留时间定性、外标法定量。

2. 仪器与试剂

仪器：离子色谱仪(配电导检测器及抑制器或紫外检测器，高容量阴离子交换柱，50 μL定量环)、离心机、分析天平、万能粉碎机、超声波清洗机、0.22 μm水性滤膜针头滤器等。

试剂：乙酸溶液(3%)、氢氧化钾溶液(1 mol/L)、亚硝酸钠、硝酸钠。

3. 实训步骤

(1)样品预处理

①蔬菜、水果

用自来水将新鲜蔬菜、水果样品洗净后，再用水冲洗、晾干，取可食部分切碎混匀。将切碎的样品用四分法取适量，用万能粉碎机制成匀浆，备用，如需加水应记录加水量。

②粮食及其他植物样品

除去可见杂质后，取有代表性样品50～100 g，粉碎后，过0.30 mm孔筛，混匀，备用。

③肉、蛋、水产及其制品

用四分法取适量或取全部,用万能粉碎机制成匀浆,备用。

④乳粉、豆奶粉、婴儿配方粉等固态乳制品(不包括干酪)

将样品装入能够容纳2倍样品体积的带盖容器中,通过反复摇晃和颠倒容器使样品充分混匀直到样品均一化。

⑤发酵乳、乳、炼乳及其他液体乳制品

通过搅拌或反复摇晃和颠倒容器使样品充分混匀。

⑥干酪

取适量样品研磨成均匀的泥浆状,为避免水分损失,研磨过程中应避免产生过多的热量。

(2)样品提取

①蔬菜、水果等植物性样品

称取5 g样品(精确至0.001 g,可适当调整样品的取样量,以下相同),置于150 mL具塞锥形瓶中,加入水80 mL、1 mol/L氢氧化钾溶液1 mL,超声提取30 min,每隔5 min振摇1次,保持固相完全分散。75 ℃水浴中放置5 min,取出置于室温,定量转移至100 mL容量瓶中,加水稀释至刻度,混匀。溶液经滤纸过滤后,取部分溶液于10 000 r/min离心15 min,上清液备用。

②肉、蛋、鱼及其制品

称取样品匀浆5 g(精确至0.001 g),置于150 mL具塞锥形瓶中,加80 mL水,超声提取30 min,每隔5 min振摇1次,保持固相完全分散。于75 ℃水浴中放置5 min,取出放置至室温,定量转移至100 mL容量瓶中,加水稀释至刻度,混匀。溶液经滤纸过滤后,取部分溶液于10 000 r/min离心15 min,上清液备用。

③腌鱼、腌肉及其他腌制品

称取样品匀浆2 g(精确至0.001 g),置于150 mL具塞锥形瓶中,加入80 mL水,超声提取30 min,每隔5 min振摇1次,保持固相完全分散。于75 ℃水浴中放置5 min,取出放置至室温,定量转移至100 mL容量瓶中,加水稀释至刻度,混匀。溶液经滤纸过滤后,取部分溶液于10 000 r/min离心15 min,上清液备用。

④乳粉及干酪

称取样品2.5 g(精确至0.01 g),置于100 mL具塞锥形瓶中,加水80 mL,摇匀,超声30 min,取出放置至室温,定量转移至100 mL容量瓶中,加入3%乙酸溶液2 mL,加水稀释至刻度,混匀。于4 ℃放置20 min,取出放置至室温,溶液经滤纸过滤,滤液备用。

(3)上样前预处理

取上述约15 mL备用溶液,通过0.22 μm水性滤膜针头滤器、C_{18}柱,弃去前面3 mL(如果Cl^-浓度大于100 mg/L,则需依次通过针头滤器、C_{18}柱、Ag柱和Na柱,弃去前面 7 mL)，收集后面洗脱液待测。

固相萃取柱使用前需进行活化，C_{18}柱(1 mL)、Ag 柱(1 mL)和 Na 柱(1 mL)，其活化过程为：C_{18}柱(1 mL)使用前依次用 10 mL 甲醇、15 mL 水通过，静置活化 30 min。Ag 柱(1 mL)和 Na 柱(1 mL)用 10 mL 水通过，静置活化 30 min。

(4)色谱条件支持

①色谱柱：氢氧化物选择性，可兼容梯度洗脱的二乙烯基苯－苯乙烯共聚物基质，烷醇基季铵盐功能团的高容量阴离子交换柱，4 mm × 250 mm(带保护柱 4 mm × 50 mm)，或性能相当的离子色谱柱。

②淋洗液

A. 一般样品：氢氧化钾溶液，浓度为 6 ~ 70 mmol/L；洗脱梯度为 6 mmol/L 30 min，70 mmol/L 5 min，6 mmol/L 5 min；流速 1 mL/min。

B. 粉状婴幼儿配方食品：氢氧化钾溶液，浓度为 5 ~ 50 mmol/L；洗脱梯度为 5 mmol/L 33 min，50 mmol/L 5 min，5 mmol/L 5 min；流速 1.3 mL/min。

C. 检测器

电导检测器，检测池温度为 35 ℃；或紫外检测器，检测波长为 226 nm。

D. 进样要求

50 μL(可根据样品中被测离子含量进行调整)。

(5)测定

①标准曲线的绘制

将标准系列工作液分别注入离子色谱仪中，得到各浓度标准工作液色谱图。测定相应的峰高(μS)或峰面积，以标准工作液的浓度为横坐标，以峰高(μS)或峰面积为纵坐标，绘制亚硝酸盐和硝酸盐标准色谱标准曲线，示例可见图 24－1。

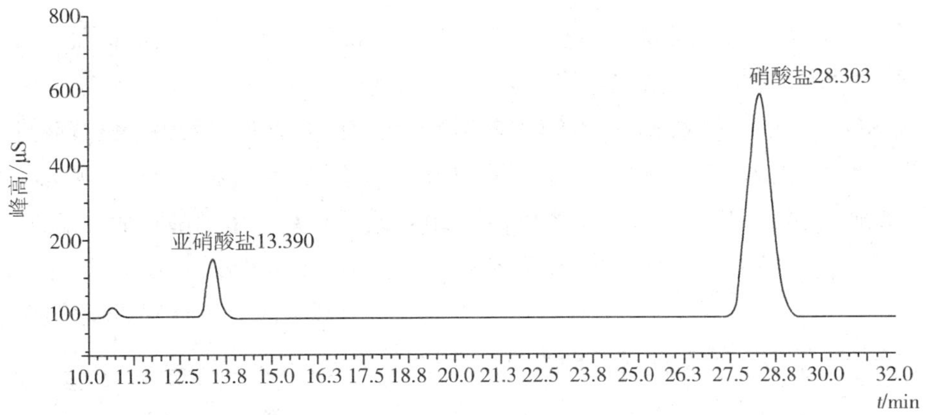

图 24－1　亚硝酸盐和硝酸盐标准离子色谱图

②样品测定

将空白和样品溶液注入离子色谱仪中得到空白和样品溶液的峰高(μS)或峰面积，根据标准曲线得到待测液中亚硝酸根离子或硝酸根离子的浓度。

(6)结果分析

①亚硝酸根离子或硝酸根离子的含量按式(24-3)计算。

$$c = \frac{(c_1 - c_0) \times V \times f \times 1\,000}{m \times 1\,000} \qquad (24-3)$$

式中:c——试样中亚硝酸根离子或硝酸根离子的含量,mg/kg;c_1——测定用样品溶液中的亚硝酸根离子或硝酸根离子浓度,mg/L;c_0——试剂空白液中亚硝酸根离子或硝酸根离子浓度,mg/L;V——样品溶液体积,mL;f——样品溶液稀释倍数;1 000——换算系数;m——样品取样量,g。

样品中测得的亚硝酸根离子含量乘以换算系数1.5,即得亚硝酸盐(按亚硝酸钠计)含量;样品中测得的硝酸根离子含量乘以换算系数1.37,即得硝酸盐(按硝酸钠计)含量。

计算结果以重复性条件下两次独立测定结果的算术平均值表示,保留小数点后三位。

②精密度。

在重复性条件下获得的两次独立测定结果的绝对差值不得超过其测定算术平均值的10%。

(7)注意事项

此法中亚硝酸盐和硝酸盐检出限分别为0.2 mg/kg和0.4 mg/kg。

紫外分光光度法

1. 技术原理

样品中硝酸根离子用pH=9.6~9.7的氨缓冲液提取,同时色素类物质用活性炭除去,蛋白质及其他干扰物质用沉淀剂除去,利用硝酸根离子和亚硝酸根离子在紫外区219 nm处具有吸收峰的特性,测定提取液的吸光度,其测得结果为硝酸盐和亚硝酸盐吸光度的总和,考虑到新鲜蔬菜、水果中亚硝酸盐含量甚微,忽略不计,测定结果为硝酸盐的吸光度,可从标准曲线上查得相应的浓度,计算样品中硝酸盐的含量。

2. 仪器与试剂

仪器:分析天平、紫外-可见分光光度计、组织捣碎机、酸度计以及振荡器等。

试剂:氨缓冲溶液(pH=9.6~9.7)、亚铁氰化钾溶液(150 g/L)、硫酸锌溶液(300 g/L)、硝酸钾标准试剂、盐酸、氨水、亚铁氰化钾、硫酸锌、正辛醇、活性炭等。

3. 实训步骤

(1)样品的制备

选取一定数量有代表性的样品，先用自来水冲洗，再用水清洗干净，晾干表面水分，用四分法取样，切碎，充分混匀，于组织捣碎机中匀浆(部分少汁样品可按一定质量比例加入水)，在匀浆中加1滴正辛醇消除泡沫。

(2)提取

称取10 g(精确至0.01 g)匀浆样品(若制备过程中加水，则应按加水量折算)于250 mL锥形瓶中，加100 mL，加入5 mL氨缓冲溶液(pH = 9.6 ~ 9.7)、2 g粉末状活性炭。振荡(往复速度为每分钟200次)30 min。定量转移至250 mL容量瓶中，分别加入150 g/L亚铁氰化钾溶液和300 g/L硫酸锌溶液各2 mL，充分混匀，加水定容至刻度，摇匀，静置5 min，用定量滤纸过滤上清液，滤液备用，同时做空白实验。

(3)测定

①标准溶液配制

A. 硝酸盐标准储备液(500 mg/L，以硝酸根计)：称取0.203 9 g于110 ~ 120 ℃干燥至恒重的硝酸钾，用水溶解并转移至250 mL容量瓶中，加水稀释至刻度，混匀。此溶液硝酸根浓度为500 mg/L，于冰箱内保存。

B. 硝酸盐标准曲线工作液：分别吸取0 mL、0.2 mL、0.4 mL、0.6 mL、0.8 mL、1 mL和1.2 mL硝酸盐标准储备液于50 mL容量瓶中，加水定容至刻度，混匀。此标准系列溶液硝酸根浓度分别为0 mg/L、2 mg/L、4 mg/L、6 mg/L、8 mg/L、10 mg/L和12 mg/L。将标准曲线工作液加入1 cm石英比色皿，于219 nm处测定吸光度。以标准溶液浓度为横坐标、吸光度为纵坐标绘制工作曲线。

②样品测定

根据样品中硝酸盐含量的高低，吸取上述滤液2 ~ 10 mL于50 mL容量瓶中，加水定容至刻度，混匀。用1 cm石英比色皿，于219 nm处测定吸光度。

(4)结果分析

①样品中硝酸盐(以硝酸根计)的含量按式(24 - 4)计算。

$$\omega = \frac{c \times V_1 \times V_3}{m \times V_2} \qquad (24-4)$$

式中：ω——样品中硝酸盐的含量，mg/kg；c——由工作曲线获得的样品溶液中硝酸盐的浓度，mg/L；V_1——提取液定容体积，mL；V_3——待测液定容体积，mL；m——样品的质量，g；V_2——吸取的滤液体积，mL。

计算结果以重复性条件下两次独立测定结果的算术平均值表示，保留小数点后三位。

②精密度。

在重复性条件下获得的两次独立测定结果的绝对差值不得超过其测定算术平均

值的 10%。

(5)注意事项

此法中硝酸盐检出限为 1.2 mg/kg。

实训项目二十五
食品中多酚类物质含量的测定

1. 课前预习

食品中的多酚类物质的组成形式及生理功效。

2. 技能要求

(1)了解不同食品中多酚类物质测定的原理。

(2)掌握不同食品中多酚类物质测定的方法。

3. 术语与定义

多酚类物质是分子结构中有若干个酚羟基的植物成分的总称,因具有多个酚基团而得名,包括黄酮类、单宁类、酚酸类以及花色苷类等。它是在植物性食物中发现的,具有潜在促进健康作用的化合物,例如多酚类物质具有很强的抗氧化作用。

茶多酚含量的测定

1. 技术原理

在茶多酚溶液中过量酒石酸铁与茶多酚反应生成稳定的紫褐色络合物,溶液颜色的深浅与茶多酚的含量成正比。因此可通过比色法定量测定茶多酚。研究表明,儿茶酚可以作为测定标准物代表茶多酚,一般用儿茶酚来制作标准曲线。

2. 仪器与试剂

仪器:分析天平、分光光度计、水浴锅等。

试剂:酒石酸铁溶液、pH =7.5 的磷酸盐缓冲液。

3. 实训步骤

(1)样品的制备

准确称取1 g磨碎并混匀的茶叶样品置于200 mL锥形瓶中,加入80 mL沸水,沸水浴中浸提30 min,过滤、洗涤,滤液和洗涤液合并转入100 mL容量瓶,冷却后加蒸馏水定容。

(2)测定

吸取1 mL试液放入25 mL容量瓶中,加4 mL蒸馏水和5 mL酒石酸铁溶液,摇匀,再加入pH =7.5的磷酸盐缓冲液定容至刻度,以蒸馏水代替试液,加入同样的试剂做空白实验,利用0.5 cm光径的比色杯在540 nm波长下测定吸光度。

(3)结果分析

①样品中茶多酚的含量按式(25 -1)计算。

$$\text{茶多酚含量} = \frac{A \times 7.826 \times V}{1\,000 \times m \times V_1} \times 100\% \qquad (25-1)$$

式中:A——试液的吸光度;V——试液的总量,mL;V_1——测定时吸取的试液量,mL;m——称取样品的质量,g。

计算结果以重复性条件下两次独立测定结果的算术平均值表示,保留小数点后三位。

②精密度。

在重复性条件下获得的两次独立测定结果的绝对差值不得超过其测定算术平均值的10%。

(4)注意事项

①为防止磷酸盐缓冲液在常温下发霉,应置于冰箱冷藏。

②酒石酸铁比色法是测定多酚类物质总量的方法之一,并被认为是测定茶多酚精度较高的方法,这种方法也适用于含有儿茶酚和无色花色素结构的多酚类物质的其他食品。酒石酸铁与单酚、二酚和三酚络合产物的颜色随着酚羟基的增加而加深,导致测定结果偏高,可根据不同食品中多酚类物质的种类,选择合适的标准物质制作标准曲线,以克服这种误差。

果蔬中总酚含量的测定

1. 技术原理

酚类物质是果蔬中重要的次生代谢物质,与果蔬品质密切相关,同时被认为是植物抗病的重要物质,不仅具有抗氧化能力,可清除体内的过氧化物,延缓果实衰老,提高抗病性,还对病原菌有毒害作用,可以减少病原菌侵染,防止腐烂,对于果蔬的贮藏具有重要的影响。

酚类物质中的羟基在碱性条件下能将福林试剂中的钨钼酸还原，使 W^{6+} 变为 W^{5+}，生成蓝色络合物，颜色的深浅与多酚含量成正相关，用没食子酸做标准曲线可定量测定果蔬中的多酚含量。

2. 仪器与试剂

仪器：分析天平、分光光度计、电子天平、循环水式真空泵、旋转蒸发仪等。

试剂：福林试剂（FC 试剂）、碳酸钠（20%）。

3. 实训步骤

（1）样品的制备

称取 2 g 果蔬组织，用少量 30% 乙醇溶液研磨成匀浆，倒入 100 mL 锥形瓶中，在料液比 1∶20（g∶mL）、30% 乙醇、60 ℃的条件下水浴回流提取 1 h，趁热过滤、洗涤、收集滤液，滤液 40 ℃旋转真空浓缩，浓缩液加水定容至 50 mL，得到果蔬多酚物质粗提液。

（2）总酚标准曲线的绘制

精密称取 10 mg 没食子酸标准品（相对分子质量 188.14），用蒸馏水溶解并定容至 100 mL，得浓度为 0.1 mg/mL 的标准液。准确吸取 0 mL、0.4 mL、0.6 mL、0.8 mL、1 mL、1.2 mL、1.4 mL、1.6 mL 置于 25 mL 的棕色容量瓶中，加蒸馏水至 6 mL，然后分别加入 FC 试剂 0.5 mL，混匀，在 0.5～8 min 内加入 20% 的碳酸钠溶液 1.5 mL，充分混合后定容，30 ℃避光静置 0.5 h，以不加标准液的 6 mL 蒸馏水为空白对照，760 nm 下测定吸光度，每个样品平行测定 3 次。以没食子酸在反应体系中的质量为横坐标、吸光度为纵坐标，绘制标准曲线。

（3）测定

准确量取 0.5 mL 制备好的乙醇粗提液于 50 mL 容量瓶中，加入 9.5 mL 蒸馏水，摇匀，再加入 0.5 mL FC 试剂，混匀，在 0.5～8 min 内加入 20% 的碳酸钠溶液1.5 mL，充分混合后定容，30 ℃避光静置 0.5 h，以没食子酸标准液为空白对照，760 nm 下测定吸光度，每个样品平行测定 3 次。

（4）结果分析

①果蔬样品鲜重中的总酚含量按式（25－2）计算（以没食子酸得相当值表示）。

$$\omega = \frac{m_1 \times V_T}{m \times Vs} \qquad (25-2)$$

式中：ω——每 100 g 样品中总酚的含量，mg；m_1——测定液中没食子酸含量，mg；V_T——提取液总体积，mL；V_S——测定液体积，mL；m——鲜样品质量，g。

计算结果以重复性条件下两次独立测定结果的算术平均值表示，保留小数点后三位。

②精密度。

在重复性条件下获得的两次独立测定结果的绝对差值不得超过其测定算术平均值的10%。

(5)注意事项

①果蔬中的酚类化合物很容易被还原,使测定结果不精确。

②果蔬中总酚的成分复杂,仅以没食子酸为对照品无法测定出全部多酚,测定结果只是水解多酚的含量。

4. 思考题

(1)除了可用没食子酸溶液作为多酚的标准物质外,还可用哪些物质作为多酚类物质的标准物质?换标准物质后,线性回归方程是否一样?

(2)除此法之外,还有哪些方法可以测定多酚的含量,与本法相比,有何优缺点?

实训项目二十六
食品中黄酮类物质含量的测定

1. 课前预习

食品中黄酮类物质的组成形式及生理功效。

2. 技能要求

(1)了解不同食品中黄酮类物质测定的原理。

(2)掌握不同食品中黄酮类物质测定的方法。

3. 术语与定义

黄酮类化合物是一类具有2-苯基色原酮结构,存在于自然界的化合物。分子结构中有一个酮式羰基,第一位上的氧原子具有碱性,能与强酸反应成盐,其羟基衍生物多为黄色,因此又称为黄碱素或黄酮。黄酮类化合物在植物体中通常与糖结合成苷类,小部分以游离态(苷元)的形式存在。绝大多数植物体内都含有黄酮类化合物,它在植物的生长、发育、开花、结果以及抗菌、防病等方面起着重要的作用。

分光光度法

1. 技术原理

黄酮类化合物溶于甲醇而不溶于乙醚,用乙醚除去样品中的脂溶性杂质后再用甲醇提取。该化合物与铝离子能够生成有色络合物,该络合物在500 nm波长下有强的光吸收,吸收强度与络合物浓度成正比。实验通常用维生素P或芦丁做其标准物。

2. 仪器与试剂

仪器:分析天平、分光光度计、索氏提取装置等。

试剂:亚硝酸钠溶液(50 g/L)、硝酸铝溶液(100 g/L)、氢氧化钠溶液(40 g/L)、维生素P标准试剂、芦丁标准溶液(0.2 mg/L)。

3. 实训步骤

(1)样品的制备

鲜植物组织在45 ℃、0.06 MPa环境下干燥至恒量,用干样粉碎机粉碎。若为干样粉末,直接称取1~2 g样品,置于索氏提取器中,加入60 mL乙醚,45 ℃回流至样品无色,冷却至室温,弃去乙醚,加入60 mL甲醇,在80 ℃回流至提取液无色,冷却至室温。将甲醇提取液置于100 mL容量瓶中,用甲醇定容,混匀后吸取10 mL,置于100 mL容量瓶中,用蒸馏水定容。

(2)标准曲线的制备

①维生素P标准试剂法

准确称取在120 ℃、0.06 MPa条件下干燥至恒量的黄酮标准样品(维生素P)200 mg置于100 mL容量瓶中,加入少许甲醇,在通风柜中略加热溶解,冷却后用甲醇定容、混匀。取10 mL此溶液置于100 mL容量瓶中,用蒸馏水定容、混匀。

取上述水稀释液0 mL、1 mL、2 mL、3 mL、4 mL、5 mL、6 mL分别置于25 mL容量瓶中。各加入5%亚硝酸钠1 mL,混匀,室温下静置6 min,再加入10%硝酸铝1 mL,混匀,室温下静置6 min,再加入4%氢氧化钠10 mL,用蒸馏水定容,静置15 min。

以第一瓶为空白,在500 nm处测定吸光度,以质量浓度(mg/mL)为横坐标、吸光度为纵坐标,制作标准曲线。

②芦丁标准试剂法

精密吸取芦丁标准溶液0 mL、1 mL、2 mL、4 mL、6 mL、7 mL于25 mL刻度管中,用甲醇补充至10 mL,分别加入50 g/L亚硝酸钠溶液1 mL,混匀,放置6 min;加入100 g/L硝酸铝溶液1 mL,摇匀,放置6 min;加入40 g/L氢氧化钠溶液8 mL,再加入甲醇稀释至刻度,摇匀,放置 15 min 后,在 510 nm 波长处,以第一管溶液做空白,分别测定吸光度,以吸光度为纵坐标、芦丁质量为横坐标,绘制标准工作曲线。

(3)测定

①维生素 P 标准试剂法

依本法规程取样液 3 mL 于 25 mL 容量瓶中,以下步骤与本法标准曲线制作相同。重复三次。

②芦丁标准试剂法

依本法规程吸取提取液 1 mL,于 25 mL 刻度管中,按标准曲线的操作步骤进行测定。重复三次。

(4)结果分析

①依维生素 P 标准试剂法,样品中黄酮类物质的含量按式(26－1)计算。

$$\text{黄酮类物质含量} = \frac{c \times 100 \times \frac{100}{10} \times \frac{25}{3}}{1\,000 \times m} \times 100 \qquad (26-1)$$

式中:c——从标准曲线上获得的与样品吸光度对应的酮类化合物含量,g/mL;m——样品质量,g。

②依芦丁标准试剂法,样品中黄酮类物质的含量按式(26－2)计算。

$$\omega = \frac{m_1 \times V_T}{m \times V_S} \times 100 \qquad (26-2)$$

式中:ω——每 100 g 样品中黄酮类物质的含量(以芦丁计),mg;m_1——测定液中黄酮类物质质量,mg;V_T——提取液总体积,mL;V_S——测定液体积,mL;m——鲜样品质量,g。

计算结果以重复性条件下两次独立测定结果的算术平均值表示,保留小数点后三位。

③精密度。

在重复性条件下获得的两次独立测定结果的绝对差值不得超过其测定算术平均值的 10%。

(5)注意事项

①黄酮类物质对光敏感,故在所有操作过程中应尽量避光。

②本实验测定的黄酮类组分是混合成分,还需利用其他化学手段将其进行分离和鉴定,从而明确其中的主要黄酮类物质的组成。

实训项目二十七
保健食品中咖啡因含量的测定

1. 课前预习

(1)高效液相色谱(HPLC)法的基本原理及DAD检测器的适用范围。

(2)样品处理过程中的基本操作。

2. 技能要求

(1)熟练掌握高效液相色谱法的基本原理和仪器构造。

(2)学会使用国标GB/T 5009.197—2003测定饮料中咖啡因含量。

3. 术语与定义

DAD检测器:二极管阵列检测器。

咖啡因:一种黄嘌呤生物碱化合物,是中枢神经兴奋剂,能够暂时驱走睡意并恢复精力,是世界上使用最普遍的精神药品。咖啡、茶、软饮料及一些能量饮料含有咖啡因成分。

高效液相色谱法

1. 技术原理

将液体样品用甲醇溶液进行稀释,采用HPLC-DAD检测器定性定量检测。

2. 仪器与试剂

仪器:高效液相色谱仪、分析天平等。

试剂:色谱级甲醇、色谱级乙腈、超纯水、氧化镁、咖啡因标准品。

3. 实训步骤

(1)标准工作液

分别取标准储备液0.2 mL、0.5 mL、0.75 mL、1 mL、1.5 mL用40%甲醇定容至

10 mL容量瓶中,分别进样10 μL进行色谱分析,用标准浓度 - 峰面积绘制标准曲线得到标准曲线方程。

(2)样品制备

液体饮料,用移液管量取1 mL液体,用40%甲醇溶液稀释定容至10 mL容量瓶中摇匀,加0.5 g氧化镁除去杂质,经0.45 μm滤膜过滤后进样10 μL进行分析,测定峰面积。

(3)色谱条件

色谱柱:C_{18}柱;柱温:30 ℃;流动相:甲醇∶水 = 40∶60;检测波长:272 nm;流速:1 mL/min;进样量:10 μL。

(4)结果分析

将测定得到的样品中咖啡因峰面积值,代入标准曲线方程,求得样品浓度 $c_{样}$。

①样品中含量按式(27 - 1)计算:

$$c = \frac{c_{样} \times V_1}{1\,000 \times V_2} \tag{27-1}$$

式中:c——样品中咖啡因的含量,mg/mL;V_1——样品定容体积,mL;V_2——待测样品的取样量,mL;$c_{样}$——待测样品浓度,μg/mL。检测结果保留三位有效数字。

②精密度。

在重复性条件下获得的两次独立测定结果的绝对差值不得超过算术平均值的10%。

(5)注意事项

①在仪器操作过程中注意试剂的过滤与脱气、仪器基线的监测等。

②计算过程中注意单位的转换和结果保留三位有效数字。

实训项目二十八
果蔬中阿维菌素残留量的测定

1. 课前预习

了解液相色谱法检验阿维菌素的样品处理方法。

2. 技能要求

(1)熟练掌握阿维菌素的测定方法、原理。

(2)学会使用国标 GB 23200.19—2016 测定水果和蔬菜中的阿维菌素残留量。

3. 术语与定义

阿维菌素：阿维菌素是由链霉菌中阿维链霉菌发酵产生的，是一类具有杀菌、杀虫、杀螨、杀线虫活性的十六元大环内酯化合物。其外观为淡黄色或白色晶体粉末，无味，微溶于水，易溶于甲醇、丙酮、异丙醇等有机溶剂。

高效液相色谱法

1. 技术原理

用丙酮提取样品中的阿维菌素，经浓缩后，用 SPE C_{18} 柱净化，并用甲醇洗脱。洗脱液经浓缩、定容、过滤后，用配有紫外检测器的高效液相色谱仪测定。用流动相溶解样品，样品组分在固定相和流动相之间的相对溶解度存在差异，在柱内得到分离。根据阿维菌素类药物的共轭二烯结构在 245 nm 处有强烈的紫外吸收，建立起液相色谱 - 紫外检测方法。

2. 仪器与试剂

仪器：分析天平、高效液相色谱仪、组织捣碎机、旋转蒸发器、固相萃取柱等。

试剂：丙酮、甲醇、阿维菌素标准试液（1 mg/mL）。

3. 实训步骤

（1）试样制备

取样品 1 kg，经组织捣碎机捣碎，均分为两份，装入洁净容器内，作为试样，密封，并标明标记。

（2）分析步骤

①提取

称取试样约 20 g（精确至 0.1 g）于 100 mL 具塞锥形瓶中，加入 50 mL 丙酮，于振荡器上振荡 30 min，用布氏漏斗抽滤，用 20 mL 丙酮洗涤锥形瓶及瓶渣两次，合并丙酮提取液，于 40 ℃水浴蒸发至约 2 mL。

②净化

将上述的浓缩提取液完全转入 SPE C_{18} 柱，再用 5 mL 水淋洗，去掉淋洗液，最后用 5 mL 甲醇洗脱，收集洗脱液，用氮气吹至近干。准确加入 1 mL 甲醇溶解残渣，用 0.45 μm滤膜过滤，滤液供液相色谱测定。外标法定量。

（3）测定

高效液相色谱法参考条件：

色谱柱:ODS－C_{18}反相柱,4.6 mm×125 mm;流动相:甲醇∶水＝(90∶10);流速:1 mL/min;检测波长:245 nm;柱温:40 ℃;进样量:20 μL。

根据样液中阿维菌素含量情况,选定峰高相近的标准工作液,标准工作液和样液中阿维菌素响应值均应在仪器检测线性范围内,标准工作液和样液等体积参插进样。

空白实验:除不加试样外,均按照上述测定步骤进行。

(4)结果分析

①试样中含量按式(28－1)计算。

$$\omega = \frac{h \times c \times V}{h_s \times m} \tag{28-1}$$

式中:ω——试样中阿维菌素残留量,mg/kg;h——样液中阿维菌素峰高,mm;h_s——标准工作液中阿维菌素峰高,mm;c——标准工作液中阿维菌素浓度,mg/L;V——样液最终定容体积,mL;m——最终样液代表的试样量,g。注:计算结果须扣除空白值,测定结果用平行测定算术平均值表示,保留两位有效数字。

②精密度。

在重复性条件下获得的两次独立测定结果的绝对差值与其算术平均值的比值(百分率),应符合表28－1中的要求。

表28－1

被测组分含量/($mg \cdot kg^{-1}$)	精密度/%
≤0.001	36
>0.001且≤0.01	32
>0.01且≤0.1	22
>0.1且≤1	18
>1	14

(5)注意事项

①提取过程要充分振摇。

②SPE C_{18}柱在使用前用5 mL甲醇和5 mL水活化。

实训项目二十九
蔬菜水果中有机磷农药残留的测定

1. 课前预习

(1)气相色谱仪检测有机磷农药的原理。

(2)蔬菜水果提取有机磷农药的方法。

(3)农药残留的计算公式。

2. 技能要求

(1)熟练掌握气相色谱法检测农药残留。

(2)学会使用 NY/T 761—2008 测定蔬菜水果中的农药残留。

(3)了解 FPD 检测器(火焰光度检测器)的检测原理。

3. 术语与定义

农药残留:在农业生产中施用农药后一部分农药直接或间接残存于谷物、蔬菜、果品、畜产品、水产品中以及土壤和水体中的现象。

气相色谱法

1. 技术原理

样品中有机磷农药经乙腈提取,得到的溶液经过滤、浓缩后,用丙酮定容,再通过双自动进样器注入气相色谱仪的两个进样口,农药组分经不同极性的两根毛细血管柱分离,FPD 检测器检测。用双柱的保留时间定性,外标法定量。

2. 仪器与试剂

仪器:气相色谱仪、旋涡混合器、匀浆机、氮吹仪。

试剂:乙腈、丙酮、氯化钠、0.2 μm 有机滤膜、铝箔、农药混合标准溶液(浓度均为 1 μg/mL)。

3. 实训步骤

(1)样品制备

准确称取样品 25 g 放入匀浆机中,加入乙腈 50 mL,在匀浆机中高速匀浆2 min后用滤纸过滤,滤液收集到 100 mL 具塞量筒中,内装有 5 ~ 7 g 氯化钠,收集40 ~ 50 mL 滤液,盖上塞子,剧烈振荡 1 min,室温下静置 30 min,使乙腈相和水相分层。

从具塞量筒中吸取 10 mL 乙腈溶液,放入 150 mL 烧杯中,将烧杯置于 80 ℃水浴锅中加热,杯内缓缓通入氮气流或空气流,蒸发近干,加入 2 mL 丙酮,盖上铝箔,备用。

将上述备用液完全转移至 15 mL 刻度离心管中,再用约 3 mL 丙酮分三次冲洗烧杯,并转移至离心管,最后定容至 5 mL,混合均匀,分别移入两个 2 mL 自动进样器样品瓶中,供色谱测定。如定容后的样品溶液过于混浊,应用 0.2 μm 滤膜过滤后再进行测定。

(2)测定

程序升温条件:70 ℃以 20 ℃/min 升至 150 ℃,保持 2 min,再以 5 ℃/min 升至 190 ℃,保持 13 min;进样口温度:220 ℃;检测器温度:220 ℃。

(3)结果分析

样品中含量按式(29 - 1)计算。

$$\frac{V_1 \times A \times V_3}{V_2 \times A_S \times m} \times \rho \qquad (29-1)$$

式中:ρ——标准溶液中农药的质量浓度,mg/L;A——样品溶液中被测农药的峰面积;A_S——农药标准品中被测农药的峰面积;V_1——提取溶剂体积,mL;V_2——吸取出用于检测的提取溶液的体积,mL;V_3——样品溶液定容体积,mL;m——样品的质量,g。

(4)注意事项

仪器开机顺序要正确,且点火成功后再进样。

食品化学性质篇

实训项目三十
食品中水分活度的测定

1. 课前预习

(1)食品中水分活度与水分含量之间的关联。

(2)按照要求撰写出实训技能关键点提纲。

2. 技能要求

(1)掌握 GB 5009.238—2016 食品中水分活度的测定。

(2)了解水分活度测定的意义和原理。

3. 术语与定义

水分活度是指系统中水分存在的状态,即水分的结合程度或游离程度。水分活度是对系统中水的能量的测量,水分活度值越高,结合程度越低;水分活度值越低,结合程度越高。可以说,水分活度是控制腐败最重要的因素。

康卫皿扩散法

1. 技术原理

在密封、恒温的康卫皿中,样品中的自由水与水分活度(A_w)较高和较低的标准饱和溶液相互扩散,达到平衡后,根据样品质量的变化量,求得样品的水分活度。

2. 仪器与试剂

仪器:分析天平、恒温培养箱、干燥箱、称量皿(直径 35 mm,高 10 mm)以及康卫皿容器(见图30－1)等。

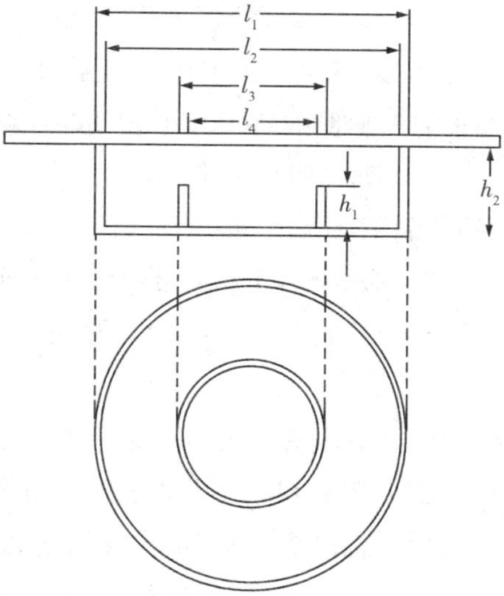

图30－1 康卫皿容器示意图

l_1－**外室外直径**,100 mm;l_2－**外室内直径**,92 mm;l_3－**内室外直径**,53 mm;
l_4－**内室内直径**,45 mm;h_1－**内室高度**,10 mm;h_2－**外室高度**,25 mm

试剂:溴化锂饱和溶液(水分活度为0.064,25 ℃)、氯化锂饱和溶液(水分活度为0.113,25 ℃)、氯化镁饱和溶液(水分活度为0.328,25 ℃)、碳酸钾饱和溶液(水分活度为0.432,25 ℃)、硝酸镁饱和溶液(水分活度为0.529,25 ℃)、溴化钠饱和溶液(水分活度为0.576,25 ℃)、氯化钴饱和溶液(水分活度为0.649,25 ℃)、氯化锶饱和溶液(水分活度为0.709,25 ℃)、硝酸钠饱和溶液(水分活度为0.743,25 ℃)、氯化钠饱和溶液(水分活度为0.753,25 ℃)、溴化钾饱和溶液(水分活度为0.809,25 ℃)、硫酸铵饱和溶液(水分活度为0.810,25 ℃)、氯化钾饱和溶液(水分活度为0.843,25 ℃)、硝酸锶饱和溶液(水分活度为0.851,25 ℃)、氯化钡饱和溶液(水分活度为0.902,25 ℃)、硝酸钾饱和溶液(水分活度为0.936,25 ℃)、硫酸钾饱和溶液(水分活度为0.973,25 ℃)。

3. 实训步骤

(1)样品的制备

取有代表性的样品如粉末状固体、颗粒状固体及糊状样品至少200 g,混匀,置于密闭的玻璃容器内;块状样品,取可食部分的代表性样品至少200 g,在室温18～25 ℃、湿度50%～80%的条件下,迅速切成约3 mm×3 mm×3 mm的小块,不得使用组织捣碎机,混匀后置于密闭的玻璃容器内。其他样品,直接取代表性的样品即可。

(2)测定

①预测定

分别将12 mL溴化锂饱和溶液、氯化镁饱和溶液、氯化钴饱和溶液、硫酸钾饱和溶液移入 4 只康卫皿的外室，迅速称取与标准饱和盐溶液相等份数约 1.5 g(精确至 0.000 1 g)的同一样品，于预先干燥并称量的恒量称量皿(精确至 0.000 1 g)中，放入盛有标准饱和盐溶液的康卫皿的内室。沿康卫皿上口平行移动盖好涂有凡士林的磨砂玻璃片，放入 25 ±1 ℃的恒温培养箱内，恒温 24 h。取出盛有样品的称量皿，立即称量(精确至 0.000 1 g)。

②预测值二维直线图的绘制

以所选饱和盐溶液(25 ℃)的水分活度(A_w)数值为横坐标、对应标准饱和盐溶液的样品的质量增减数值为纵坐标，绘制二维直线图。取横坐标截距值，即为该样品的水分活度预测值。

③水分活度准确测定

依据预测结果，分别选用水分活度数值大于和小于样品预测结果数值的饱和盐溶液各 3 种，分别取 12 mL，注入康卫皿的外室，迅速称取与标准饱和盐溶液相等份数的同一样品约 1.5 g(精确至 0.000 1 g)，于预先干燥并称量恒量的称量皿中(精确至 0.000 1 g)，放入盛有标准饱和盐溶液的康卫皿的内室。沿康卫皿上口平行移动盖好涂有凡士林的磨砂玻璃片，放入 25 ±1 ℃的恒温培养箱内，恒温 24 h。取出盛有样品的称量皿，立即称量(精确至 0.000 1 g)。

(3)结果分析

①样品质量的增减量按式(30 -1)计算。

$$X = \frac{m_1 - m}{m - m_0} \tag{30-1}$$

式中：X——样品质量的增减量，g/g；m_1——25 ℃扩散平衡后，样品和称量皿的质量，g；m——25 ℃扩散平衡前，样品和称量皿的质量，g；m_0——称量皿的质量，g。

计算结果以重复性条件下两次独立测定结果的算术平均值表示，保留小数点后三位。

②水分活度的最终确定。

取横坐标截距值，即为该样品的水分活度值。取三次平行测定的算术平均值作为结果，结果保留小数点后三位。

③精密度。

在重复性条件下获得的两次独立测定结果的绝对差值不得超过其测定算术平均值的 10%。

(4)注意事项

①注意样品称重的精确度，否则会造成测定误差。

②尽可能保障测量环境与标准环境的温度之差、湿度之差不要过大。

③测定时应该及时转入康卫皿容器，不得于测量环境中停滞时间过长。

④若食品样品中含有乙醇一类的易溶于水又具有挥发性的物质，则难以准确测定。

水分活度仪扩散法

1. 技术原理

在密闭、恒温的水分活度仪测量舱内，样品中的水分扩散平衡。此时水分活度仪测量舱内的传感器或数字化探头显示出的响应值（相对湿度对应的数值）即为样品的水分活度。

2. 仪器与试剂

水分活度测定仪，其他同康卫皿扩散法。

3. 实训步骤

（1）水分活度仪的校准

在室温 18 ~25 ℃、湿度 50% ~80% 的条件下，用饱和盐溶液校正水分活度仪。

（2）测定

称取约 1 g（精确至 0.01 g）样品，迅速放入样品皿中，封闭测量舱，在温度 20 ~25 ℃、湿度 50% ~80% 的条件下测定。每间隔 5 min 记录水分活度仪的响应值。当相邻两次响应值之差小于 0.005A_w时，即为测定值。仪器充分平衡后，同一样品重复测定三次。

（3）结果分析

取三次平行测定的算术平均值作为结果，结果保留小数点后三位。

在重复性条件下获得的两次独立测定结果的绝对差值不得超过其测定算术平均值的 5%。

实训项目三十一
食品中酸价的测定

1. 课前预习

食品中引起酸价变化的因素。

2. 技能要求

掌握一种食品酸价测定的方法。

3. 术语与定义

酸价是对脂肪酸或混合物中游离羧酸基团数量的一个计量标准，又称中和值、酸值、酸度，表示中和 1 g 化学物质所需的氢氧化钾的毫克数。测量程序通常是将一份分量已知的样品溶于有机溶剂，用浓度已知的氢氧化钾溶液滴定，并以酚酞溶液作为颜色指示剂。

酸价是脂肪中游离脂肪酸含量的标志，可作为油脂变质程度的指标。脂肪在长期保藏过程中，由于微生物、酶和热的作用发生缓慢水解，产生游离脂肪酸，脂肪的质量与游离脂肪酸的含量有关。在脂肪生产的条件下，酸价可作为水解程度的指标，而在其保藏条件下，则可作为酸败的指标。酸价越小，说明油脂质量越好，新鲜度和精炼程度越好。

冷溶剂指示剂滴定法

1. 技术原理

该法适用于常温下能够被冷溶剂完全溶解成澄清溶液的食用油脂样品，主要包括食用植物油（辣椒油除外）、食用动物油、食用氢化油、起酥油、人造奶油、植物奶油、植物油料共计 7 类。

用有机溶剂将油脂样品溶解成样品溶液，再用氢氧化钾或氢氧化钠标准溶液中和样品溶液中的游离脂肪酸，以指示剂相应的颜色变化来判定滴定终点，最后通过滴定终点时消耗的标准溶液的体积计算油脂样品的酸价。

2. 仪器与试剂

仪器：分析天平、恒温水浴锅、干燥箱、离心机、旋转蒸发仪、索氏提取装置、万能粉碎机等。

试剂：氢氧化钾或氢氧化钠标准溶液、乙醚 - 异丙醇混合液（乙醚：异丙醇 = 1：1）、酚酞指示剂、百里酚酞指示剂、碱性蓝 6B 指示剂、异丙醇、乙醚、甲基叔丁基醚、95% 乙醇等。

3. 实训步骤

（1）油脂预处理

①除杂

样品应为液态、澄清、无沉淀。如果样品不澄清、有沉淀，则应将油脂加热至 50 ℃并充分振摇，熔化可能的油脂结晶。若油脂变为澄清、无沉淀，则可作为试样，否则应将油脂置于50 ℃的干燥箱内，用滤纸过滤不溶性的杂质，取过滤后的澄清油脂作为试样，过滤应尽快完成。

若油脂样品中的杂质含量较高，且颗粒细小难以过滤干净，可先将油脂样品用离心机以8 000 ~10 000 r/min的转速离心10 ~20 min，沉淀杂质。

对于凝固点高于50 ℃或含有凝固点高于50 ℃油脂成分的样品，应将样品置于比其凝固点高10 ℃左右的水浴或恒温干燥箱内，将油脂加热并充分振摇熔化可能的油脂结晶。

若还需过滤，则将油脂置于比其凝固点高10 ℃左右的恒温干燥箱内，用滤纸过滤不溶性的杂质，取过滤后的澄清液体油脂作为试样，过滤过程应尽快完成。

②脱水干燥

对于无结晶或凝固现象的油脂，以及经过除杂处理并冷却至室温后无结晶或凝固现象的油脂，可按每10 g油脂加入1 ~2 g的比例加入无水硫酸钠，并充分搅拌混合吸附脱水，然后用滤纸过滤，取过滤后的澄清液体油脂作为试样。

若油脂样品中含水量较高，可先将油脂样品用离心机以8 000 ~10 000 r/min的转速离心10 ~20 min，分层后，取上层的油脂样品再用无水硫酸钠吸附脱水。

③乳化类油脂样品的处理

称取乳化油脂样品，加入5 ~10倍样品体积的石油醚，搅拌直至样品完全溶解（若油脂样品凝固点过高，可置于40 ~55 ℃水浴内搅拌至完全溶解），然后充分静置并分层后，取上层有机相提取液，置于水浴温度不高于45 ℃的旋转蒸发仪内，0.08 ~0.1 MPa负压条件下，将其中的石油醚彻底旋转蒸干，取残留的液体油脂作为试样。若残留的油脂混浊、乳化、分层或有沉淀，则应进行除杂和脱水干燥处理。

对于难溶解的油脂可采用以下溶剂为浸提液：石油醚：甲基叔丁基醚 = 1：3，250 mL的石油醚与750 mL的甲基叔丁基醚充分互溶混合。

若油脂样品能完全溶解于石油醚等溶剂中，成为澄清的溶液或者只是成为悬浮液而不分层，则直接加入适量的无水硫酸钠，在同样的温度条件下，充分搅拌混合吸附脱水并静置沉淀硫酸钠，然后取上层清液置于水浴温度不高于45 ℃的旋转蒸发仪内，0.08 ~0.1 MPa负压条件下，将其中的石油醚彻底旋转蒸干，取残留的液体油脂作为试样。若残留的油脂混浊、乳化、分层或有沉淀，则应进行除杂和脱水干燥的处理。

④植物油料样品的处理

先将植物油料粉碎成均匀的细颗粒，脆性较高的植物油料（如大豆、葵花籽、棉籽、油菜籽等）应粉碎至粒径为0.8 ~3 mm甚至更小的细颗粒，而脆性较低的植物油料应粉碎至粒径不大于6 mm的颗粒。其间若发热明显，应低温进行粉碎。

取粉碎的植物油料细颗粒装入索氏提取装置中，再加入适量的提取溶剂，加热并回流提取4 h。最后收集并合并所有的提取液于一个烧瓶中，置于水浴温度不高于45 ℃的旋转蒸发仪内，0.08 ~0.1 MPa负压条件下，将其中的溶剂彻底旋转蒸干，取残留的液体油脂作为试样进行酸价测定。

若残留的液态油脂混浊、乳化、分层或有沉淀，应进行除杂和脱水干燥的处理。

(2)试样的制备

若食用油脂样品常温下呈液态，且为澄清液体，则充分混匀后直接取样，否则要求进行除杂和脱水干燥处理；若食用油脂样品常温下为固态，置于比其熔点高 10 ℃左右的水浴或恒温干燥箱内，加热完全熔化，若熔化后的油脂样品完全澄清，则可混匀后直接取样。若熔化后的油脂样品混浊或有沉淀，则应要进行除杂和脱水处理。

(3)试样称量

根据试样预计的酸价，可按照表 31－1 适量取样。

表 31－1　试样称样表

估计的酸价/($mg \cdot g^{-1}$)	试样的最小称样量/g	使用滴定液的浓度/($mol \cdot L^{-1}$)	试样称重的精确度/g
0～1	20	0.1	0.05
1～4	10	0.1	0.02
4～15	2.5	0.1	0.01
15～75	0.5～3.0	0.1～0.5	0.001
>75	0.2～1.0	0.5	0.001

试样称样量和滴定液浓度应使滴定液用量在 0.2～10 mL 之间(扣除空白后)。若检测后，发现样品的实际称样量与该样品酸价所对应的应有称样量不符，应按照上表，调整称样量后重新检测。

(4)测定

①试样测定

用天平称取制备好的一定量的油脂试样，置于一个干净的 250 mL 锥形瓶中，加入 50～100 mL 乙醚－异丙醇混合液和 3～4 滴酚酞指示剂，充分振摇溶解试样。用装有标准滴定溶液的刻度滴定管对试样进行滴定，当试样溶液初现微红色，且 15 s 内无明显褪色时，为滴定终点。立刻停止滴定，记录此滴定所消耗的标准滴定溶液的毫升数，此数值为 V。

对于颜色深的油脂样品，可用百里酚酞指示剂或碱性蓝 6B 指示剂取代酚酞指示剂，滴定时，当颜色变为蓝色时为百里酚酞的滴定终点，颜色由蓝色变为红色为碱性蓝 6B 指示剂的滴定终点。米糠油(稻米油)的冷溶剂指示剂法测定酸价只能用碱性蓝 6B 指示剂。

②空白

在一个干净的 250 mL 锥形瓶中准确加入与试样测定时体积相同、种类相同的有机溶剂混合液和指示剂，振摇混匀。然后用装有标准滴定溶液的刻度滴定管进行滴定，当溶液初现微红色，且 15 s 内无明显褪色时，为滴定终点。立刻停止滴定，记录下此滴定所消耗的标准滴定溶液的毫升数，此数值为 V_0。

也可在配制好的试样溶解液中滴加数滴指示剂，然后用标准滴定溶液滴定试样溶解液至产生相应的颜色变化，且 15 s 内无明显褪色后停止滴定，表明试样溶解液的酸性正好被中和。然后以这种酸性被中和的试样溶解液溶解油脂试样，再用同样的方法继续滴定试样溶液至产生相应的颜色变化且 15 s 内无明显褪色后停止滴定，记录下此滴定所消耗的标准滴定溶液的毫升数，此数值为 V，如此无须再进行空白实验，即 $V_0 = 0$。

(5)结果分析

①酸价按式(31－1)计算。

$$X_{AV} = \frac{(V - V_0) \times c \times 56.1}{m} \tag{31-1}$$

式中：X_{AV}——酸价，mg/g；V——试样测定所消耗的标准滴定溶液的体积，mL；V_0——相应的空白测定所消耗的标准滴定溶液的体积，mL；c——标准滴定溶液的摩尔浓度，mol/L；56.1——氢氧化钾的摩尔质量，g/mol；m——油脂样品的称样量，g。

计算结果酸价≤1 mg/g，计算结果保留两位小数；1 mg/g＜酸价≤100 mg/g，计算结果保留一位小数；酸价＞100 mg/g，计算结果保留至整数位。

②精密度。

当酸价＜1 mg/g 时，在重复性条件下获得的两次独立测定结果的绝对差值不得超过算术平均值的 15%；当酸价≥1 mg/g 时，在重复性条件下获得的两次独立测定结果的绝对差值不得超过算术平均值的 12%。

4. 思考题

为什么油脂酸价的高低可作为衡量油脂好坏的重要指标？

热乙醇指示剂滴定法

1. 技术原理

固体油脂样品与乙醇加热到 70 ℃以上(但不超过乙醇的沸点)，使固体油脂样品熔化成液态，并通过振摇形成油脂样品的热乙醇悬浊液，使油脂样品中的游离脂肪酸溶于热乙醇中，再趁热用氢氧化钾或氢氧化钠标准溶液中和热乙醇悬浊液中的游离脂肪酸，以指示剂相应的颜色变化来判定滴定终点，然后通过滴定终点消耗的标准溶液的体积计算样品油脂的酸价。

2. 仪器和试剂

同冷溶剂指示剂滴定法。

3. 实训步骤

(1)预处理

试样的预处理、称量等同冷溶剂指示剂滴定法。

(2)测定

按要求用天平称取制备好的油脂试样于250 mL锥形瓶中。在另一个250 mL锥形瓶中加入50～100 mL 95%乙醇和0.5～1 mL酚酞指示剂。然后,将此锥形瓶放入90～100 ℃水浴中加热到乙醇微沸。取出该锥形瓶,在乙醇的温度还维持在70 ℃以上时,立即用标准溶液对乙醇进行滴定,当乙醇初现微红色,且15 s内无明显褪色时,立即停止滴定。将此中性乙醇溶液趁热立即倒入装有试样的锥形瓶中,然后放入90～100 ℃的水浴中加热到乙醇微沸,其间剧烈振摇锥形瓶形成悬浊液。最后取出,趁热立即用标准溶液对试样的热乙醇悬浊液进行滴定,当试样溶液初现微红色,且15 s内无明显褪色时,为滴定终点,立刻停止滴定,记录下此滴定所消耗的标准溶液的毫升数,此数值为V。

对于颜色深的油脂样品,可适当加大乙醇和指示剂的用量,可用百里酚酞指示剂(或碱性蓝6B指示剂)取代酚酞指示剂,滴定时,当其颜色变为蓝色时为百里酚酞的滴定终点,由蓝色变红色为碱性蓝6B指示剂的滴定终点。

热乙醇指示剂滴定法无须进行空白实验,即$V_0=0$。

(3)结果分析

试样的计算、精密度等同冷溶剂指示剂滴定法。

实训项目三十二
淀粉糖浆制备及其葡萄糖值的测定

1. 课前预习

(1)淀粉制备糖浆的基本工艺。

(2)糖浆中葡萄糖值代表的生产意义。

2. 技能要求

(1)掌握淀粉糊化及酶法制备淀粉糖浆的基本原理。

(2)掌握淀粉双酶法制备淀粉糖浆的实验方法以及酶的使用。

(3)掌握淀粉水解产品的葡萄糖值(*DE*值)测定方法。

3. 术语与定义

DE 值是还原糖（以葡萄糖计）占糖浆干物质的百分比。国家标准中，*DE* 值越高，葡萄糖浆的级别越高。

通常来讲，*DE* 值越高，水解程度越高，葡萄糖含量就越多，产品黏度小，甜度值高；*DE* 值越低，水解程度越低，糊精、大分子多糖等物质越多，产品黏度大，甜度低。

滴定法

1. 技术原理

淀粉是由几百至几千个葡萄糖单元连接而成的天然高分子化合物，一般含70% ~ 80%的直链淀粉。淀粉可用酶法、酸法和双酶法水解成糊精、低聚糖和葡萄糖。淀粉糖浆或称液体葡萄糖，主要成分是葡萄糖、麦芽糖、麦芽三糖和糊精，是一种黏稠液体，甜味温和，极易为人体吸收，在饼干、糖果生产上应用广泛。

将淀粉悬浮液加热到55 ~ 80 ℃时，会使淀粉颗粒之间的氢键作用力减弱，并迅速进行不可逆溶胀，淀粉颗粒因吸水，体积膨胀数十倍，继续加热使淀粉胶束全部崩溃，淀粉分子形成单分子，并为水包围，形成具有黏性的糊状液体，这一现象称淀粉糊化。此时易被水解。

①双酶法水解淀粉制淀粉糖浆，α－淀粉酶使淀粉中的 α－1,4 糖苷键水解生成小分子糊精，然后再用糖化酶将糊精、低聚糖中的 α－1,6 糖苷键和 α－1,4 糖苷键切断，最后生成葡萄糖。

②*DE* 值的测定，在加热条件下，用样品滴定已标定过的碱性酒石酸铜，碱性酒石酸铜与样液中的还原糖反应，使碱性酒石酸铜中的可溶性酒石酸钾钠铜络合物被还原析出氧化亚铜，继续滴加样液，过量的还原糖立即将亚甲基蓝还原，使蓝色褪色，根据样品消耗体积，计算还原糖量。

例如 *DE* 值为42，表示淀粉糖浆中含42%的葡萄糖。

2. 仪器和试剂

仪器：分析天平、烧杯、酸式滴定管、恒温水浴锅等。

试剂：碱性酒石酸铜甲液与乙液、D－葡萄糖标准溶液、玉米淀粉（木薯淀粉或甘薯淀粉）、液化型 α－淀粉酶、糖化酶、亚甲基蓝指示剂、碳酸钠（5%）、氯化钙（5%）、盐酸（1%）等。

3. 实训步骤

(1)淀粉糖浆的制备

将 100 g 淀粉置于 400 mL 烧杯中,加 200 mL 水,搅拌均匀,配成淀粉浆,用 5% 碳酸钠调节 pH 为 6.2 ~ 6.3,再加入 5% 氯化钙溶液 2 mL,于 90 ~ 95 ℃水浴上加热,不断搅拌,淀粉浆由开始糊化直至完全成糊。加入 60 mL 液化型 α - 淀粉酶,不断搅拌使其液化,在 70 ~ 80 ℃保持 20 min,然后加热到 95 ℃至沸,灭活 10 min。三层纱布过滤,取样 30 mL 测其 *DE* 值,剩余滤液冷却到 55 ℃,加入 200 mg 糖化酶,调节 pH 值为 4.5,60 ~ 65 ℃恒温水浴中糖化 3 ~ 4 h,即为淀粉糖浆,取样测其 *DE* 值,若要浓浆,可进一步浓缩。

(2)*DE* 值

①碱性酒石酸铜溶液标定

分别吸取 5 mL 碱性酒石酸铜甲液和乙液,置于 150 mL 锥形瓶中,加水 10 mL、玻璃珠 3 粒,从滴定管滴加约 9 mL 葡萄糖标准溶液,控制在 2 min 内加热至沸,趁沸以每两秒一滴的速度继续滴加葡萄糖标准溶液,直至溶液蓝色刚好褪去为终点,记录消耗葡萄糖标准溶液的总体积,同时平行操作三份,取其平均值,计算每 10 mL(甲、乙液各 5 mL)碱性酒石酸铜溶液相当于葡萄糖的质量(mg)。

②样品溶液预测

分别吸取 5 mL 碱性酒石酸铜甲液和乙液,置于 150 mL 锥形瓶中,加水 10 mL、玻璃珠 2 粒,控制在 2 min 内加热至沸,趁沸以先快后慢的速度,从滴定管中滴加样品溶液,并保持溶液沸腾状态,待溶液颜色变浅时,以每两秒一滴的速度滴定,直至溶液蓝色刚好褪去为终点,记录样品溶液消耗体积。

(3)样品测定

分别吸取 5 mL 碱性酒石酸铜甲液和乙液,置于 150 mL 锥形瓶中,加水 10 mL、玻璃珠 2 粒,从滴定管滴加比预测体积少 1 mL 的样品溶液,控制在 2 min 内加热至沸,趁沸继续以每两秒一滴的速度滴定,直至蓝色刚好褪去为终点,记录样品溶液消耗体积,同法平行操作三份,得出平均消耗体积。

(4)结果分析

①样品的 *DE* 值以其还原糖的百分含量表示,按式(32 - 1)计算。

$$DE = \frac{m_1}{m \times \frac{V}{200} \times 1\,000} \times 100\% \qquad (32-1)$$

式中:*DE*——样品中还原糖的百分含量(以葡萄糖计);m_1——10 mL 碱性酒石酸铜溶液(甲、乙液各 5 mL)相当于还原糖(以葡萄糖计)的质量,mg;*m*——样品质量,g;*V*——测定时平均消耗样品溶液体积,mL;200——样品处理溶液总体积,mL(具体实验时,若样品处理总体积有改变,则此值相应改变)。

计算结果以重复性条件下两次独立测定结果的算术平均值表示,保留小数点后三位。

②精密度。

在重复性条件下获得的两次独立测定结果的绝对差值不得超过其测定算术平均值的 10%。

(5)注意事项

①淀粉糊化时必须不断搅拌,因为糊化速度非常快,如果不是时刻搅拌,则糊化不均匀,影响糖浆制备含量。

②*DE* 值测定时,整个滴定过程应在沸腾状态下进行。

实训项目三十三
食品中过氧化值的测定

1. 课前预习

(1)食品中引起过氧化值变化的原因。

(2)食品中过氧化值与抗氧化物之间的关联。

2. 技能要求

(1)掌握过氧化值测定的意义、原理和方法。

(2)熟悉 GB 5009.227—2016 食品中过氧化值的测定方法。

3. 术语与定义

在一定程度上过氧化值可以反映食品的质量,除了食用油质量检测时需要测定过氧化值外,蛋糕、月饼等食品中含有的油脂、脂肪,一般也要检测过氧化值。

过氧化物可以破坏细胞膜结构,对心血管病、肿瘤等慢性病有促进作用,长期食用过氧化值超标的食物对人体的健康非常不利。

滴定法

1. 技术原理

用三氯甲烷和乙酸溶解制备好的油脂样品,其中的过氧化物与碘化钾反应生成碘,用硫代硫酸钠标准溶液滴定析出的碘。用过氧化物相当于碘的质量分数或 1 kg 样品中活性氧的毫摩尔数表示过氧化值。

2. 仪器和试剂

仪器:分析天平、恒温干燥箱、旋转蒸发仪等。

试剂:三氯甲烷 - 乙酸混合液(40:60)、碘化钾饱和溶液、淀粉指示剂(1%)、石油醚(30 ~60 ℃)、硫代硫酸钠标准溶液(0.1 mol/L)、乙酸、三氯甲烷、碘化钾等。

3. 实训步骤

(1)样品制备

①动植物油脂

对液态样品,振摇装有样品的密闭容器,充分均匀后直接取样;对固态样品,选取有代表性的样品置于密闭容器中混匀后取样。

②植物奶油、起酥油、代可可脂

对液态样品,振摇装有样品的密闭容器,充分混匀后直接取样;对固态样品,选取有代表性的样品置于密闭容器中混匀后取样。如有必要,将盛有固态样品的密闭容器置于恒温干燥箱中,缓慢加温到刚好熔化,振摇混匀,趁样品为液态时立即取样测定。

③人造奶油

将样品置于密闭容器中,于 60 ~70 ℃的恒温干燥箱中加热至熔化,振摇混匀后,继续加热至破乳分层并将油层通过快速定性滤纸过滤到烧杯中,烧杯中滤液为待测样品。制备的待测样品应澄清。待测样品为液态时立即取样测定。

④以小麦粉、谷物、坚果等植物性食品为原料,经油炸、膨化、烘烤、调制、炒制等加工工艺而制成的食品

从所取全部样品中取出有代表性样品的可食部分,在玻璃研钵中研碎,将粉碎的样品置于广口瓶中,加入 2 ~3 倍样品体积的石油醚,摇匀,充分混合后静置浸提 12 h 以上,经装有无水硫酸钠的漏斗过滤,取滤液,在低于 40 ℃的水浴中,用旋转蒸发仪减压蒸干石油醚,残留物即为待测样品。

⑤以动物性食品为原料经速冻、干制、腌制等加工工艺而制成的食品

取可食用的有代表性样品,将其破碎并充分混匀后置于广口瓶中,加入 2 ~3 倍样品体积的石油醚,摇匀,充分混合后静置浸提 12 h 以上,经装有无水硫酸钠的漏斗过滤,取滤液,在低于40 ℃的水浴中,用旋转蒸发仪减压蒸干石油醚,残留物即为待测样品。

(2)测定

称取 2 ~3 g 样品(精确至 0.001 g),置于 250 mL 碘量瓶中,加入 30 mL 三氯甲烷 - 乙酸混合液,轻轻振摇使样品完全溶解。准确加入 1 mL 饱和碘化钾溶液,塞紧瓶

盖，轻轻振摇 0.5 min，在暗处放置 3 min。取出加水 100 mL，摇匀后立即用硫代硫酸钠标准溶液（过氧化值估计值在 0.15 g/100 g 及以下时，用 0.002 mol/L 标准溶液；过氧化值估计值大于 0.15 g/100 g 时，用 0.01 mol/L 标准溶液）滴定析出的碘，滴定至淡黄色时，加 1 mL 淀粉指示剂，继续滴定并强烈振摇至溶液蓝色消失为终点。同时进行空白实验。空白实验所消耗 0.01 mol/L 硫代硫酸钠溶液体积 V_0 不能超过0.1 mL。整个滴定过程应避免在阳光直射下进行。

(3)结果分析

①以碘的质量分数表示其过氧化值时，按式(33－1)计算。

$$X_1 = \frac{(V - V_0) \times c \times 0.1269}{m} \times 100 \qquad (33-1)$$

式中：X_1——过氧化值，g/100 g；V——样品消耗的硫代硫酸钠标准溶液体积，mL；V_0——空白实验消耗的硫代硫酸钠标准溶液体积，mL；c——硫代硫酸钠标准溶液的浓度，mol/L；m——样品质量，g；0.126 9——与 1 mL 硫代硫酸钠标准溶液相当的碘的质量。

计算结果以重复性条件下两次独立测定结果的算术平均值表示，保留小数点后三位。

②以每 1 kg 样品中活性氧的毫摩尔数表示过氧化值时，按式(33－2)计算。

$$X_2 = \frac{(V - V_0) \times c}{2 \times m} \times 1000 \qquad (33-2)$$

式中：X_2——过氧化值，mmol/kg；V——样品消耗的硫代硫酸钠标准溶液体积，mL；V_0——空白实验消耗的硫代硫酸钠标准溶液体积，mL；c——硫代硫酸钠标准溶液的浓度，mol/L；m——样品质量，g；1 000——换算系数。

③精密度。

在重复性条件下获得的两次独立测定结果的绝对差值不得超过算术平均值的 10%。

实训项目三十四
食品中胡萝卜素的测定

1. 课前预习

食品中胡萝卜素的分类形式。

2. 技能要求

(1)掌握胡萝卜素预处理的方式方法。

(2)掌握高效液相色谱法测定胡萝卜素的方法。

(3)掌握纸层析法测定胡萝卜素的方法。

(4)熟悉 GB 5009.83—2016 食品中胡萝卜素的测定方法。

3. 术语与定义

胡萝卜素是人体重要的营养元素,它是维生素 A 的前体,是保健食品的重要成分。胡萝卜素的化学结构中有相同的多烯链,根据存在于其两端的芷香酮环或基团的不同分为 α、β、γ、δ、ε 等。

高效液相色谱法

1. 技术原理

样品经皂化使胡萝卜素释放为游离态,用石油醚萃取二氯甲烷定容后,采用反相色谱法分离,外标法定量。

2. 仪器和试剂

仪器:紫外-可见分光光度计、高效液相色谱仪、分析天平、高速粉碎机、恒温振荡水浴锅、旋转蒸发仪、氮吹仪等。

试剂:淀粉酶,木瓜蛋白酶,氢氧化钾溶液(1%),α-胡萝卜素标准溶液(500 μg/mL、100 μg/mL),β-胡萝卜素标准溶液(500 μg/mL、100 μg/mL),α-胡萝卜素、β-胡萝卜素混合标准工作液(色谱条件一适用),β-胡萝卜素标准工作液(色谱条件二适用),甲基叔丁基醚,乙腈,二氯甲烷,甲醇,正己烷(以上均为色谱纯);无水硫酸铵、石油醚(沸程 30~60 ℃)、乙醚(不含过氧化物)、维生素 C、无水乙醇、2,6-二叔丁基-4-甲基苯酚。

3. 实训步骤

(1)样品的制备

谷物、豆类、坚果等样品需粉碎、研磨、过筛(筛板孔径 0.3~0.5 mm);蔬菜、水果、蛋类、藻类等样品用匀质器混匀;固体粉末状样品和液体样品用前振摇或搅拌混匀。

(2)常规样品预处理

①预处理

蔬菜、水果、藻类、谷物、豆类、蛋类等普通食品样品准确称取混合均匀的样品 1~5 g(精确至 0.001 g),油类准确称取 0.2~2 g(精确至 0.001 g),转至 250 mL 锥形瓶中，加入 1 g 维生素 C、75 mL 无水乙醇，于 60 ± 1 ℃水浴振荡 30 min。

如果样品中蛋白质、淀粉含量较高（>10%），先加入 1 g 维生素 C、15 mL 45 ~ 50 ℃温水、0.5 g 木瓜蛋白酶和 0.5 g α－淀粉酶，盖上瓶塞混匀后，置 55 ± 1 ℃恒温水浴锅内振荡或超声处理 30 min 后，再加入 75 mL 无水乙醇，于 60 ± 1 ℃水浴振荡 30 min。

②皂化

加入 25 mL 氢氧化钾溶液，盖上瓶塞。置于已预热至 53 ± 2 ℃恒温振荡水浴锅中，皂化 30 min。取出，静置，冷却到室温。

（3）样品预处理

①预处理

固体样品：准确称取 1 ~ 5 g（精确至 0.001 g），置于 250 mL 锥形瓶中，加 1 g 维生素 C，50 mL 45 ~ 50 ℃温水混匀。加 0.5 g 木瓜蛋白酶和 0.5 g α－淀粉酶（无淀粉样品可以不加 α－淀粉酶），盖上瓶塞，置 55 ± 1 ℃恒温水浴锅内振荡或超声处理 30 min。

液体样品：准确称取 5 ~ 10 g（精确至 0.001 g），置 250 mL 锥形瓶中，加入 1 g 维生素 C。

②皂化

取预处理后样品，加入 75 mL 无水乙醇，摇匀，再加入 25 mL 氢氧化钾溶液，盖上瓶塞。置于已预热至 53 ± 2 ℃恒温振荡水浴锅中，皂化 30 min。取出，静置，冷却到室温。

（4）样品萃取

将皂化液转入 500 mL 分液漏斗中，加入 100 mL 石油醚，轻轻摇动，排气，盖好瓶塞，室温下振荡 10 min 后静置分层，将水相转入另一分液漏斗中按上述方法进行第二次提取。合并有机相，用水洗至近中性。弃水相，有机相通过无水硫酸钠过滤脱水。滤液收入 500 mL 蒸发瓶中，于旋转蒸发仪上 40 ℃减压浓缩，近干。用氮气吹干，用移液管准确加入 5 mL 二氯甲烷，盖上瓶塞，充分溶解提取物。经 0.45 μm 滤膜过滤后，弃出初始约 1 mL 滤液后收集至进样瓶中，备用。

（5）测定

①色谱条件一

A. 本法适用于食品中 α－胡萝卜素、β－胡萝卜素及总胡萝卜素的测定。

B. 色谱柱：色谱柱，C_{30}柱，柱长 150 mm，内径 4.6 mm，粒径 5 μm 或等效柱。

C. 流动相：A 相：甲醇：乙腈：水 = 73.5：24.5：2；B 相：甲基叔丁基醚。

D. 其他条件：流速 1 mL/min，检测波长 450 nm，柱温 30 ± 1 ℃，进样体积 20 μL。梯度程序见表 34 － 1。

表 34－1　梯度程序

时间/min	0	15	18	19	20	22
A/%	100	59	20	20	0	100
B/%	0	41	80	80	100	0

②α－胡萝卜素标准曲线绘制与全反式β－胡萝卜素响应因子

将α－胡萝卜素、β－胡萝卜素混合标准工作液注入高效液相色谱仪中，根据保留时间定性，测定α－胡萝卜素、β－胡萝卜素各异构体峰面积。

α－胡萝卜素根据系列标准工作液浓度及峰面积，以浓度为横坐标、峰面积为纵坐标绘制标准曲线，计算回归方程。

β－胡萝卜素根据标准工作液标定浓度、全反式β－胡萝卜素6次测定峰面积平均值、全反式β－胡萝卜素色谱纯度，按式（34－1）计算全反式β－胡萝卜素响应因子。

$$RF = \frac{\bar{A}_{all-E}}{\rho \times CP} \quad (34-1)$$

式中：RF——全反式β－胡萝卜素响应因子，AU·mL/μg；$\bar{A}_{all-E}$——全反式β－胡萝卜素标准工作液色谱峰峰面积平均值，AU；ρ——β－胡萝卜素标准工作液标定浓度，μg/mL；CP——全反式β－胡萝卜素的色谱纯度，%。

③样品测定

在相同色谱条件下，将待测液注入高效液相色谱仪中，以保留时间定性，根据峰面积采用外标法定量。根据标准曲线回归方程计算待测液中α－胡萝卜素浓度，β－胡萝卜素根据全反式β－胡萝卜素响应因子进行计算。

④色谱条件二

A. 本法适用于食品中β－胡萝卜素及总胡萝卜素的测定。

B. 色谱柱：色谱柱，C_{18}柱，柱长250 mm，内径4.6 mm，粒径5 μm或等效柱。

C. 流动相：三氯甲烷：乙腈：甲醇＝3：12：85，含维生素C 0.4 g/L，经0.45 μm滤膜过滤后备用。

D. 其他条件：流速2 mL/min，检测波长450 nm，柱温30±1 ℃，进样体积20 μL。

⑤标准曲线的制作

将β－胡萝卜素标准工作液注入高效液相色谱仪中，以保留时间定性，测定峰面积。以标准系列工作液浓度为横坐标、峰面积为纵坐标绘制标准曲线，计算回归方程。

⑥样品测定

在相同色谱条件下，将样品溶液分别注入高效液相色谱仪中，进行高效液相色谱分析，以保留时间定性，根据峰面积外标法定量，根据标准曲线回归方程计算待测液中β－胡萝卜素的浓度。

(6)结果分析

①色谱条件一

样品中 α－胡萝卜素含量按式(34－2)计算。

$$\omega_{\alpha}=\frac{\rho_{a}\times V\times 100}{m} \qquad (34-2)$$

式中:ω_{α}——样品中 α－胡萝卜素的含量,μg/100 g;ρ_{a}——从标准曲线得到的样品溶液中 α－胡萝卜素浓度,μg/mL;V——样品溶液定容体积,mL;100——将结果表示为微克每百克(μg/100 g)的系数;m——样品质量,g。

样品中 β－胡萝卜素含量按式(34－3)计算。

$$\omega_{\beta}=\frac{(A_{all-E}+A_{9Z}+A_{13Z}\times 1.2+A_{15Z}\times 1.4+A_{xZ})\times V\times 100}{RF\times m} \qquad (34-3)$$

式中:ω_{β}——样品中 β－胡萝卜素的含量,μg/100 g;A_{all-E}——样品溶液中全反式 β－胡萝卜素峰面积,AU;A_{9Z}——样品溶液中 9－顺式－β－胡萝卜素的峰面积,AU;A_{13Z}——样品溶液中 13－顺式－β－胡萝卜素的峰面积,AU;1.2——13－顺式－β－胡萝卜素的相对校正因子;A_{15Z}——样品溶液中 15－顺式－β－胡萝卜素的峰面积,AU;1.4——15－顺式－β－胡萝卜素的相对校正因子;A_{xZ}——样品溶液中其他顺式－β－胡萝卜素的峰面积,AU;V——样品溶液定容体积,mL;100——将结果表示为微克每百克(μg/100 g)的系数;RF——全反式 β－胡萝卜素响应因子,AU·mL/μg;m——样品质量,g。

样品中总胡萝卜素含量按式(34－4)计算。

$$\omega_{总}=\omega_{\alpha}+\omega_{\beta} \qquad (34-4)$$

式中:$\omega_{总}$——样品中总胡萝卜素的含量,μg/100 g;ω_{α}——样品中 α－胡萝卜素的含量,μg/100 g;ω_{β}——样品中 β－胡萝卜素的含量,μg/100 g。

计算结果以重复性条件下两次独立测定结果的算术平均值表示,保留小数点后三位。

②色谱条件二

样品中 β－胡萝卜素含量按式(34－5)计算。

$$\omega_{\beta}=\frac{c_{\beta}\times V\times 100}{m} \qquad (34-5)$$

式中:ω_{β}——样品中 β－胡萝卜素的含量,μg/100 g;c_{β}——从标准曲线得到的待测液中 β－胡萝卜素的浓度,μg/mL;V——样品溶液定容体积,mL;100——将结果表示为微克每百克(/100 g)的系数;m——样品质量,g。

计算结果以重复性条件下两次独立测定结果的算术平均值表示,保留小数点后三位。

③精密度

在重复性条件下获得的两次独立测定结果的绝对差值不得超过其测定算术平均

值的10%。

(7)注意事项

①整个实验操作过程应注意避光。

②如皂化不完全可适当延长皂化时间至1 h。

③必要时可根据待测样液中胡萝卜素含量水平进行浓缩或稀释,使待测样液中α-胡萝卜素或β-胡萝卜素浓度在0.5~10 μg/mL范围内。

④色谱条件二适用于α-胡萝卜素含量较低(小于总胡萝卜素10%)的食品样品中β-胡萝卜素的测定。

⑤α-胡萝卜素、β-胡萝卜素检出限均为0.5 μg/100 g,定量限均为1.5 μg/100 g。

纸层析法

1. 技术原理

经过皂化的样品,用石油醚提取其中的胡萝卜素及其他植物色素,用石油醚作为展开剂进行纸层析,由于胡萝卜素极性最小、移动速度最快,从而与其他色素分离,剪下含胡萝卜素的区带,洗脱后于450 nm波长下定量测定。

2. 仪器和试剂

仪器:分析天平、紫外-可见分光光度计、恒温振荡水浴锅、旋转蒸发仪、氮吹仪等。

试剂:石油醚(沸程30~60 ℃)、氢氧化钾溶液(1∶1)、无水乙醇、无水硫酸铵、β-胡萝卜素标准溶液(50 μg/mL)。

3. 实训步骤

(1)皂化

取适量样品,相当于原样1~5 g(含胡萝卜素20~80 μg)匀浆,粮食样品视其胡萝卜素含量而定,植物油和高脂肪样品取样量不超过10 g,置100 mL带塞锥形瓶,加入30 mL脱醛乙醇,再加10 mL氢氧化钾溶液(1∶1)加热回流30 min,然后用冰水使之迅速冷却。皂化后样品用石油醚提取,直至提取液无色为止,每次提取石油醚用量为15~25 mL。

(2)洗涤

将皂化后样品提取液用水洗涤至中性,将提取液通过盛有10 g无水硫酸钠的小漏斗,漏入球形瓶,用少量石油醚分数次洗涤分液漏斗和无水硫酸钠层内色素,洗涤液并入球形瓶内。

(3)浓缩与定容

将上述球形瓶内的提取液在旋转蒸发仪上减压蒸发,水浴温度为60 ℃,蒸发至约1 mL时,取下球形瓶,用氮气吹干,立即加入2 mL石油醚定容,备层析用。

(4)纸层析

①点样

在18 cm×30 cm滤纸下端距底边4 cm处做一基线,在基线上平均、等距取四点,吸取100~400 μL浓缩液迅速点样,点样直径不超过3 mm。

②展开

待纸上所点样液自然挥干后,将滤纸卷成圆筒形,置于预先用石油醚饱和的层析缸中,进行上行展开。

③洗脱

待胡萝卜素与其他色素完全分开后,取出滤纸,自然挥干石油醚,将位于展开剂前沿的胡萝卜层析带剪下,立即放入盛有5 mL石油醚的具塞试管中,用力振荡,使胡萝卜素完全溶入试剂中。

④测定

石油醚调零点,用1 cm比色杯于450 nm波长下,测定吸光度。以其值从标准曲线上查出的β-胡萝卜素的含量,供计算时使用。

⑤标准曲线的绘制

取β-胡萝卜素标准使用液(浓度为50 μg/mL)1 mL、2 mL、3 mL、4 mL、6 mL、8 mL,分别置于100 mL具塞锥形瓶中,按样品分析步骤进行预处理和纸层析,点样体积为100 μL。若测定低含量样品,可在0~2.5间加做几点,以β-胡萝卜素含量为横坐标、吸光度为纵坐标绘制标准曲线。

(5)结果分析

①样品中胡萝卜素含量按式(34-6)计算。

$$\omega = m_1 \times \frac{V_2}{V_1} \times \frac{100}{m} \tag{34-6}$$

式中:ω——样品中胡萝卜素的含量(以β-胡萝卜素计),μg/100 g;m_1——从标准曲线查到的胡萝卜素质量,μg;V_1——点样的体积,mL;V_2——样品提取液浓缩后的定容体积,mL;m——样品质量,g。结果以重复性条件下两次独立测定结果的算术平均值表示,保留小数点后三位。

②精密度。

在重复性条件下获得的两次独立测定结果的绝对差值不得超过其测定算术平均值的10%。

(6)注意事项

整个实验操作过程应注意避光。

实训项目三十五
蛋黄中卵磷脂的提取、纯化与鉴定

1. 课前预习

(1)蛋黄中卵磷脂的存在形式。

(2)卵磷脂的基本结构与性质。

2. 技能要求

(1)掌握从鲜鸡蛋中提取卵磷脂的方法与原理。

(2)卵磷脂鉴定的方法与原理。

3. 术语与定义

磷脂是一类含有磷酸的脂类。机体中主要含有两大类磷脂,一种是由甘油构成的甘油磷脂,另一种是由神经鞘氨醇构成的鞘磷脂。磷脂结构具有由磷酸相连的取代基团(含氨碱或醇类)构成的亲水头和由脂肪酸链构成的疏水尾。生物膜中磷脂的亲水头位于膜表面,而疏水尾位于膜内侧。磷脂是重要的两亲物质,是生物膜的重要组分。

蛋黄卵磷脂属动物胚胎磷脂,含有大量的胆固醇和甘油三酯及许多人体不可缺少的营养物质和微量元素。蛋黄卵磷脂可将胆固醇乳化为极细的颗粒,这种微细的乳化胆固醇颗粒可透过血管壁被组织利用,而不会使血浆中的胆固醇含量增加。

卵磷脂的提取与基本纯化

1. 技术原理

原理一:卵磷脂是生物体组织细胞的重要成分,主要存在于大豆等植物组织以及动物的肝、脑、脾、心、卵等组织中,尤其在蛋黄中含量较多(10%左右)。卵磷脂和脑磷脂均溶于乙醚而不溶于丙酮的性质可将其与中性脂肪分离,卵磷脂能溶于乙醇而脑磷脂不溶的性质又可将卵磷脂和脑磷脂分离。

原理二:卵磷脂为白色,与空气接触后,其所含不饱和脂肪酸会被氧化而使卵磷脂呈黄褐色。卵磷脂被碱水解后可分解为脂肪酸盐、甘油、胆碱和磷酸盐。甘油与硫酸氢钾共热,可生成具有特殊臭味的丙烯醛;磷酸盐在酸性条件下与钼酸铵作用,生成黄色的磷钼酸沉淀;胆碱在碱的进一步作用下生成无色且具有氨和鱼腥气味的三甲胺。这样通过对分解产物的检验可以对卵磷脂进行鉴定。

2. 仪器和试剂

仪器:分析天平、蛋清分离器、恒温水浴锅、蒸发皿、漏斗、磁力搅拌器、量筒等。

试剂:钼酸铵试剂(6 g 钼酸铵溶于 15 mL 蒸馏水中,加入 5 mL 浓氨水,另外将 24 mL 浓硝酸溶于 46 mL 的蒸馏水中,两者混合静置一天后再用)、乙醇(95%)、乙醚、丙酮、氯化锌、无水乙醇、滤纸、氢氧化钠(10%)、溴的四氯化碳溶液(3%)、红色石蕊试纸、硫酸氢钾。

3. 实训步骤

(1)样品的粗提

①方法一

10 g 蛋黄放入洁净的带塞锥形瓶中,加入 95% 乙醇 40 mL,搅拌 15 min 后静置 15 min;然后加入 10 mL 乙醚,再搅拌 15 min 后静置 15 min;过滤,滤渣进行二次提取,加入 30 mL 乙醇与乙醚(体积比为 3∶1)的混合液,搅拌、静置一定时间,第二次过滤;合并两次滤液,加热浓缩至少量,加入一定量丙酮除杂,卵磷脂沉淀出来,即得到卵磷脂粗品。

②方法二

称取 10 g 蛋黄于小烧杯中,加入 30 mL 温热的 95% 乙醇,边加边搅拌均匀,冷却后过滤。如滤液仍然混浊,可再次过滤至滤液透明。将滤液置于蒸发皿内,于水浴锅中蒸干(或用加热套蒸干,温度可设 140 ℃左右),所得干物即为卵磷脂。

(2)样品的纯化

用无水乙醇溶解一定量的卵磷脂粗品,得到约 10% 的乙醇粗提液,加入相当于卵磷脂质量的 10% 的氯化锌水溶液,室温搅拌 0.5 h,分离沉淀物,加入适量冰丙酮(4 ℃)洗涤,搅拌 1 h,再用丙酮反复洗涤,直到洗液近无色为止,得到白色蜡状的精卵磷脂,干燥,称重。

(3)测定

质量法测定。

(4)结果分析

计算结果以重复性条件下获得的两次独立测定结果的算术平均值表示,绝对差值不得超过这两次测定算术平均值的 10%。结果保留小数点后三位。

卵磷脂性质的测定

1. 技术原理

根据卵磷脂的基本性质,考察其溶解度,并对其进一步鉴定,以熟悉其性质。

2. 试剂及仪器

仪器同卵磷脂的提取与基本纯化。

试剂同卵磷脂的提取与基本纯化。

3. 实训步骤

(1)卵磷脂的溶解性实验

卵磷脂的溶解性:少许卵磷脂放入干燥试管中,加入 5 mL 乙醚,用玻璃棒搅动使卵磷脂溶解,逐滴加入 3 ~5 mL 丙酮,观察实验现象。

(2)三甲胺的检验

将少量提取的卵磷脂和 2 ~5 mL 10% 氢氧化钠溶液加入一支干燥的试管中,置于水浴中加热 15 min,在管口放一片红色石蕊试纸,观察颜色有无变化,并嗅其气味。将加热过的溶液过滤,滤液供下面检验。

(3)不饱和性检验

将上述 10 滴滤液加入一支干净的试管中,再加入 1 ~2 滴 3% 溴的四氯化碳溶液,振摇试管,观察有何现象产生。

(4)磷酸的检验

上述 10 滴滤液和 5 ~10 滴 95% 乙醇溶液加入一支干净的试管中,再加入 5 ~10 滴钼酸铵试剂,观察现象。最后将试管放入热水浴中加热 5 ~10 min,观察有何变化。

(5)甘油的检验

少许卵磷脂和 0.2 g 硫酸氢钾加入一支干净的试管中,用试管夹夹住在小火上略微加热,使卵磷脂和硫酸氢钾混熔,然后再集中加热,待有水蒸气放出时,嗅有何气味产生。

(6)结果分析

①卵磷脂的溶解性现象

加入丙酮后可明显看到烧杯中不断形成白色絮状物质,到了一定的量后,不会再增加。

②三甲胺的检验现象

少量提取的卵磷脂以及 2 ~5 mL 10% 氢氧化钠溶液加入一支干燥的试管中,放入水浴中加热 15 min，在管口放一片红色石蕊试纸，观察石蕊试纸变蓝，气味有一种腥味。

③不饱和性检验现象

出现分层，溴的四氯化碳溶液在下面，呈油滴状。

④磷酸的检验现象

加热前溶液混浊，加热后溶液变澄清。

⑤甘油的检验现象

有刺激难闻的气味产生，像是烤猪皮味。

(7)注意事项

①本实验中的乙醚、丙酮及乙醇均为易燃药品，氯化锌具有腐蚀性。

②实验过程要细致耐心。

实训项目三十六
美拉德反应初始阶段的测定

1. 课前预习

(1)还原糖与氨基酸在酸性或碱性条件下的作用形式。

(2)美拉德反应与焦糖化作用的区别与联系。

2. 技能要求

(1)掌握美拉德反应的基本原理和测定方法。

(2)了解反应过程中颜色与风味的变化。

3. 术语与定义

美拉德反应又称“非酶棕色化反应”，由法国化学家 L. C. Maillard 在 1912 年提出。美拉德反应是食品工业中广泛存在的一种非酶促褐变，是羰基化合物（还原糖类）和氨基化合物（氨基酸和蛋白质）间的反应，经过复杂的历程最终生成棕色甚至是黑色的大分子物质类黑精或称拟黑素，所以又叫羰氨反应。

5－羟甲基糖醛法

1. 技术原理

美拉德反应即蛋白质、氨基酸或胺与碳水化合物之间的相互作用。美拉德反应初始，以无紫外吸收的无色溶液为特征，随着反应的不断进行，溶液变成黄色，还原力逐渐增强，在近紫外区吸收增大，同时还有少量糖脱水变成5－羟甲基糖醛(HMF)，以及发生键断裂形成二羰基化合物和色素的初产物，最后生成类黑精色素。本实验利用模拟实验，即葡萄糖与甘氨酸在一定pH缓冲液中加热反应，一定时间后测定HMF的含量及在波长285 nm处的吸光度。

在常温下HMF与对甲苯胺和巴比妥酸在酸性条件下反应，产生的紫红色在550 nm波长下有最大吸收，而且不受糖的影响，可直接测定HMF。

2. 仪器和试剂

仪器：紫外－可见分光光度计、分析天平、恒温水浴锅、试管等。

试剂：巴比妥酸溶液(5 mg/mL)、对甲苯胺溶液(对甲苯胺10 g，加50 mL异丙醇，水浴慢慢加热使之溶解，冷却后移入100 mL容量瓶中，加乙酸10 mL，然后用异丙醇定容，24 h后使用)、葡萄糖、甘氨酸、氢氧化钠、亚硫酸钠等。

3. 实训步骤

(1)第一阶段测定

取5支试管，编号为A1、A2、A3、A4、A5，分别加入5 mL 1 mol/L葡萄糖溶液和0.1 mol/L甘氨酸溶液。A2、A4调pH到9，A5加5 mL亚硫酸钠溶液。5支试管置于90 ℃水浴锅内并计时，反应1 h，取出A1、A2、A5管，冷却后测定它们在285 nm处的吸光度和HMF值。

(2)第二阶段测定

HMF的测定：A1、A2、A5各取2 mL于3支试管中，加5 mL对甲苯胺溶液。然后分别加入1 mL巴比妥酸溶液，另取1支试管加A1液2 mL和对甲苯胺溶液5 mL，但不加巴比妥酸液而加1 mL水，充分混匀。试剂的添加要连续进行，在1～2 min内完成，以加水的试管做参比，在550 nm处测定吸光度，通过吸光度比较A1、A2、A5中HMF的含量，分析美拉德反应的影响因素。

(3)第三阶段测定

A3、A4两试管继续加热反应，直到看出有深颜色为止，记下出现颜色的时间。

(4)结果分析

上述三个阶段的数据以表 36－1～表 36－3 的形式加以分析与解释。

表 36－1　第一阶段反应特征值

	A1	A2	A5
A_{285}			

表 36－2　第二阶段反应特征值

	A1	A1	A2	A5
反应液体积	2 mL	2 mL	2 mL	2 mL
对甲苯胺溶液	5 mL	5 mL	5 mL	5 mL
巴比妥酸溶液	0 mL	1 mL	1 mL	1 mL
蒸馏水	1 mL	0	0	0
A_{550}				

表 36－3　第三阶段反应特征值

	A3	A4
反应总时间		

(5)注意事项

反应中呈色物对光、氧气不稳定，操作时要注意。

实训项目三十七
植物多糖的提取及体外抗氧化活性的测定

1. 课前预习

(1)食品中植物多糖存在形式与基本提取方式。

(2)功能性成分抗氧化性的几种表征形式。

2. 技能要求

(1)掌握提取条件对植物多糖提取的影响。

(2)掌握标准曲线的绘制方法。

(3)熟悉硫酸苯酚法测定多糖的基本方法。

(4)熟悉典型的几种抗氧化的表征手段。

3. 术语与定义

植物多糖能够参与生物细胞的各项生命活动，维持新陈代谢，具有降血糖、抗氧化、抑菌、抗肿瘤、增强免疫力等多种生理功能。近些年的研究表明,自由基对机体的氧化损伤能给有机体带来多种疾病,因此寻找能够清除自由基的抗氧化剂就显得十分重要。

植物多糖的提取

1. 技术原理

植物的细胞壁一般比较牢固,提取之前需要进行专门的破细胞操作,方法主要有化学处理、溶胀、自胀、生物酶降解和机械破碎。由于许多植物的种子或样品含有较多的脂类物质,因此在提取前应用乙醚、石油醚等溶剂除去脂溶性杂质。目前植物多糖的提取方法主要有传统水提法、碱浸提法、酶解提取法、微波辅助法以及超声波法等。

2. 仪器和试剂

仪器:紫外-可见分光光度计、超声波清洗器、分析天平、恒温水浴锅、恒温干燥箱、离心机以及微波炉等。

试剂:纤维素酶(≥10 000 U/g)、葡萄糖标准品、无水乙醇、浓盐酸、氯化铁、亚硫酸铁、苯酚、浓硫酸、植物样品(玉米须、玉米皮以及黑木耳等)。

3. 实训步骤

(1)多糖的提取方法

①酶解提取法

准确称取5 g玉米皮,置250 mL锥形瓶中,用100 mL水润湿,然后加入1.2%(玉米皮质量)的纤维素酶,50 ℃水浴振荡酶解1 h,80 ℃水浴灭活10 min,抽滤,滤液真空浓缩后加入浓缩液3倍体积的无水乙醇静置过夜,离心分离得沉淀,真空干燥即得粗多糖。

②微波辅助法

准确称取5 g玉米皮,置250 mL锥形瓶中,用100 mL水润湿,微波30 s后,在50 ℃的水浴中浸提1 h(也可适当提高微波的处理频率),抽滤,其余操作同上。

③超声波法

准确称取5 g玉米皮,置250 mL锥形瓶中,用100 mL水润湿,50 ℃超声30 min,抽滤,其余操作同上。

④微波结合超声波提取

准确称取5 g玉米皮,置250 mL锥形瓶中,用100 mL水润湿,微波30 s后,50 ℃超声30 min,抽滤,其余操作同上。

⑤传统水提法

准确称取 5 g 玉米皮，置 250 mL 锥形瓶中，用 100 mL 水润湿，50 ℃的水浴中振荡 1 h，抽滤，其余操作同上。

(2)标准曲线的绘制

分别准确吸取 100 mg/L 的葡萄糖标准溶液 0 mL、0.2 mL、0.4 mL、0.6 mL、0.8 mL、1 mL 于 10 mL 比色管中，以纯化水补至 2 mL，然后都加入 5% 苯酚溶液 1 mL 及浓硫酸 5 mL，摇匀后静置 5 min。放入沸水浴中加热 15 min，取出后自来水冷却至室温，以加入葡萄糖 0 mL（纯化水代替糖溶液）的溶液为参比，于490 nm处测吸光度，做标准曲线。

(3)测定

将不同提取方式得到的多糖，配成 0.1 mg/mL 的供试液，按标准曲线的方法测其吸光度，计算出多糖含量。

(4)结果分析

①样品中多糖的含量按式(37－1)计算。

$$多糖含量(mg/g) = \frac{c \times V}{m} \tag{37-1}$$

式中：c——样品溶液的葡萄糖浓度，mg/mL；V——所测液体积，mL；m——样品的质量，g。

计算结果以重复性条件下两次独立测定结果的算术平均值表示，保留小数点后三位。

②精密度。

在重复性条件下获得的两次独立测定结果的绝对差值不得超过其测定算术平均值的 10%。

植物多糖抗氧化性质的测定

1.技术原理

抗氧化剂在食品中的作用机理主要有以下几种：抗氧化剂借助还原反应，降低食品体系及周围的氧含量；有些抗氧化剂是一种自由基吸收剂即自由基清除剂；抗氧化剂可以释放出氢离子将氧化过程中产生的过氧化物破坏分解，使氧化反应无法继续进行；阻止或减弱氧化酶类的活动，例如超氧化物歧化酶对超氧化物的自由基的清除；螯合金属离子。

因此，可利用这些基本原理，通过测定其还原能力、ABTS[(2,2－联氮－3－乙基－苯并噻唑－6－磺酸)二铵盐]自由基清除能力、DPPH(1,1－二苯基－2－三肼基苯肼)自由基清除能力、超氧阴离子自由基清除能力以及 Cu^{2+} 螯合能力表征其抗氧化能力的强弱。

2. 仪器和试剂

仪器：紫外－可见分光光度计、分析天平、旋涡振荡器等。

试剂：pH =6.6 磷酸盐缓冲液（0.2 mol/L）、ABTS、DPPH、Tris－HCl 缓冲液、铁氰化钾、三氯乙酸、三氯化铁、过硫酸钾、乙酸钠、乙醇、邻苯三酚、硫酸铜、邻苯二酚等。

3. 实训步骤

（1）抗氧化性的测定方法

①还原力

取 1 mL 不同处理条件下的大豆分离蛋白水解物溶液（蛋白质浓度为 2 mg/mL），分别加入磷酸盐缓冲液（0.2 mol/L，pH =6.6）和 1% 铁氰化钾溶液各 2.5 mL，旋涡振荡混合均匀，50 ℃恒温水浴反应20 min 后，再加入 2.5 mL 10% 三氯乙酸终止反应，混合液以 3 000 r/min 离心 10 min，取 2.5 mL 上清液，加入 2.5 mL 蒸馏水以及 0.1% 三氯化铁溶液 2.5 mL，室温下继续反应 10 min 后，在 700 nm 波长下测定吸光度，以等体积的蒸馏水代替样品溶液做空白对照。

②ABTS 自由基清除能力

ABTS 储备液的制备：将 10 mL ABTS 溶液（7 mmol/L）与 176 μL 过硫酸钾溶液（140 mmol/L）混合后，室温下暗处反应 12～16 h。

使用前将 ABTS 储备液用乙酸钠缓冲液（0.02 mol/L，pH =7.4）稀释至 734 nm 下的吸光度为 0.70 ±0.01。取样品溶液 0.1 mL（蛋白质浓度为 2 mg/mL）与 3 mL 稀释后的 ABTS 溶液混匀，室温下暗处反应 6 min，734 nm 波长下测定吸光度。以等体积的乙酸钠缓冲液代替样品溶液做空白对照。

③DPPH 自由基清除能力

取样品溶液 2 mL 与 0.2 mmol/L DPPH 的 95% 乙醇溶液 2 mL 旋涡振荡混合均匀，室温避光放置 30 min，于 517 nm 处测定吸光度。

④超氧阴离子自由基清除能力

取样品溶液 0.1 mL 与 2.8 mL Tris－HCl 缓冲液（0.05 mol/L，pH =8.2）混匀后，再加入 0.1 mL 邻苯三酚溶液（用 0.01 mol/L 的盐酸配成 0.003 mol/L，25 ℃水浴预热），迅速旋涡振荡反应 30 s 后，于 325 nm 波长下测不同反应时间下的吸光度，做吸光度随时间变化的回归曲线，斜率即为邻苯三酚自氧化速率。以蒸馏水代替样品溶液为对照组，用 2.8 mL Tris－HCl 缓冲液、0.1 mL 蒸馏水和 0.1 mL 盐酸（0.01 mol/L）的混合液调零。

⑤Cu^{2+} 螯合能力的测定

将 1 mL 硫酸铜溶液（2 mmol/L）、1 mL 吡啶溶液（10%）与 0.02 mL 邻苯二酚紫

溶液(0.1%)混合后,再加入 1 mL 样品溶液,充分振荡,632 nm 波长处测定吸光度,以去离子水作为空白对照。

(2)测定

依据不同抗氧化值测定的方法,读取其吸光度,得出其表征数值。

(3)结果分析

①抗氧化值的计算方法

A. 还原能力

仪器充分平衡后,同一样品吸光度读取 3 次。

B. ABTS 自由基清除能力

$$\text{ABTS 自由基清除率} = \frac{A_c - A_s}{A_c} \times 100\% \tag{37-2}$$

式中:A_c——为空白样吸光度;A_s——为待测样吸光度。

C. DPPH 自由基清除能力

$$\text{DPPH 自由基清除率} = (1 - \frac{A_i - A_j}{A_0}) \times 100\% \tag{37-3}$$

式中:A_i——2 mL 样品溶液 +2 mL DPPH 溶液测得的吸光度;A_j——2 mL 样品溶液 +2 mL 95% 乙醇溶液测得的吸光度;A_0——2 mL DPPH 溶液 +2 mL 95% 乙醇溶液测得的吸光度。

D. 超氧阴离子自由基清除能力

$$\text{超氧阴离子自由基清除率} = \frac{V_0 - V_s}{V_0} \times 100\% \tag{37-4}$$

式中:V_0——对照组邻苯三酚自氧化速率,A/min;V_s——为样品组邻苯三酚自氧化速率,A/min。

E. Cu^{2+} 螯合能力

$$\text{螯合能力} = (\frac{A_0 - A_s}{A_0}) \times 100\% \tag{37-5}$$

式中:A_0——空白对照组的吸光度; A_s——样品组的吸光度。

②精密度

在重复性条件下获得的两次独立测定结果的绝对差值不得超过其测定算术平均值的 5%,结果保留小数点后三位。

实训项目三十八
茚三酮比色法测定赖氨酸含量

1. 课前预习

(1)食品中氨基酸的组成及重要性。

(2)赖氨酸的基本性质。

2. 技能要求

(1)掌握比色法测定谷物类样品中赖氨酸含量。

(2)了解赖氨酸总含量的测定方法。

3. 术语与定义

赖氨酸是人体8种必需氨基酸中最重要的一种,是食品中重要营养成分之一,能促进人体发育、增强免疫功能,并有提高中枢神经组织功能的作用。

赖氨酸属碱性必需氨基酸,由于谷物食品中的赖氨酸含量低,且在加工过程中易被破坏,故称为第一限制氨基酸。

茚三酮比色法

1. 技术原理

蛋白质中的赖氨酸残基上具有一个游离的 $\varepsilon-NH_2$,它与茚三酮产生颜色反应呈蓝紫色,在570 nm处,颜色的深浅在一定范围内与赖氨酸残基的含量呈线性关系。

亮氨酸与赖氨酸的碳原子数目相同,它仅有的一个氨基($\alpha-NH_2$)相当于蛋白质中赖氨酸残基上的 $\varepsilon-NH_2$,因而可以用亮氨酸标准液制作标准曲线来测定蛋白质中赖氨酸的含量。但计算浓度时必须乘上两种氨基酸的分子质量之比(计算时需要乘以校正系数1.151 5)。

2. 仪器和试剂

仪器:紫外-可见分光光度计、分析天平、研钵等。

试剂:pH=5.6柠檬酸缓冲液(0.2 mol/L)、茚三酮试剂(3 g茚三酮溶于100 mL

95% 乙醇中，溶解后加入 160 mg 二氯化锡，搅拌溶解后加入 100 mL 柠檬酸缓冲液中，搅匀备用）、亮氨酸标准液（50 mg/mL）。

3. 实训步骤

（1）样品待测液的制备

①取材

称取烘干、粉碎过 80 目筛的玉米粉 0.3 g（油料种子须经脱脂处理）。

②提取

将称取的样品放入试管，准确加入 20 mL 蒸馏水，摇匀。读取样品悬液的总体积，置于 80 ℃恒温水浴中提取 20 min，需要间歇摇动。

③定容

冷却后，用蒸馏水将试管中悬液定容至上述提取步骤中悬液总体积刻度，即最终样品待测液总定容体积仍为 20 mL，摇匀。

④过滤

将提取液用滤纸过滤，收集滤液作为样品待测样（滤纸不能用蒸馏水湿润）。

（2）标准曲线制作及样品测定

取 9 支刻度试管，按照表 38－1 所示操作。

表 38－1　亮氨酸含量的测定

操作	空白	标准亮氨酸浓度梯度					样品		
	0	1	2	3	4	5	Ⅰ	Ⅱ	Ⅲ
亮氨酸标准液/mL	—	0.2	0.4	0.6	0.8	1	—	—	—
样品待测液/mL	—	—	—	—	—	—	2	2	2
蒸馏水/mL	2	1.8	1.6	1.4	1.2	1	—	—	—
茚三酮试剂/mL	各 2								
反应	各管混匀，加塞，80 ℃保温 30 min，冷却至室温								
蒸馏水/mL	定容于 10 mL								
比色	以 0 号管为空白参比，测定 $\lambda=570$ nm 处的吸光度								
吸光度/A_{530}									

（3）讨论

通过几种处理方式，并依上法测定，讨论赖氨酸在加工过程中的变化。

（4）结果分析

①样品中赖氨酸含量

按式（38－1）计算。

$$\text{赖氨酸含量}=\frac{m_1\times 100\times 1.151\,5}{m}-c \qquad (38-1)$$

式中：m——样品质量，mg；c——样品中游离氨基酸的量，各种作物种子中游离氨基酸的含量大约是玉米0.01%、高粱0.04%、水稻0.01%、小麦0.05%；m_1——从标准曲线查得的赖氨酸质量，mg；1.151 5——亮氨酸标准曲线计算赖氨酸时，需要乘的校正系数。

计算结果以重复性条件下两次独立测定结果的算术平均值表示，保留小数点后三位。

②精密度

在重复性条件下获得的两次独立测定结果的绝对差值不得超过其测定算术平均值的10%。

实训项目三十九
两种典型蛋白质的提取及功能性评价

1. 课前预习

(1)大豆分离蛋白的基本组成与性质。

(2)大豆分离蛋白的应用价值。

(3)蛋清蛋白与大豆分离蛋白的关联与区别。

2. 技能要求

(1)掌握等电点分离蛋白的方法。

(2)掌握大豆分离蛋白几种典型性质的测定方法。

(3)对比两种典型蛋白质的性质特征。

(4)明确蛋白质性质机理。

3. 术语与定义

乳化性是指将油和水混合在一起形成乳状液的性能。乳化液有两种形式，一种是油包水型，另一种为水包油型，在水包油型的乳状液中，大豆分离蛋白是一种表面活性剂，蛋白质包围在油滴的表面，它的疏水基与油滴结合，亲水基与水结合，形成一种保护层，从而防止油滴聚集和乳化状态的破坏，促使乳化性能稳定。

凝胶性质是大豆分离蛋白重要的功能性质之一，将大豆分离蛋白添加到肉制品中，利用其高凝胶性能可以提高肉制品的某些性质。此外，大豆分离蛋白作为表面活性剂，在搅打过程中空气分散相被围困于蛋白质溶液中形成泡沫。大豆蛋白质分子在

界面的表面快速扩散并排列，并再次重组形成黏弹性的薄膜，这使得大豆分离蛋白成

为一种良好的发泡剂。大豆分离蛋白通过降解剂在有限范围内降解可使发泡能力增强,且蛋白质的聚合程度与发泡能力成反比。

此外,大豆分离蛋白还表现出一定的分散性、吸水性与持水性、吸油性以及黏性等特征。同时,蛋清蛋白作为典型的全蛋白质,也能表现出以上诸多功能特性。

大豆分离蛋白的提取与测定

1. 技术原理

在等电点时,蛋白质分子以两性离子形式存在,其分子净电荷为零(即正负电荷相等),此时蛋白质分子颗粒在溶液中因没有相同电荷的相互排斥,分子之间的作用力减弱,其颗粒极易碰撞、凝聚而产生沉淀,因此蛋白质在等电点时,其溶解度最小,最易形成沉淀物。等电点时的诸多物理性质如黏度、膨胀性、渗透压等都变小,从而有利于悬浮液的过滤。

双缩脲试剂本是用来检测双缩脲的,但由于蛋白质分子中含有很多与双缩脲结构相似的肽键,因此也能与铜离子在碱性溶液中发生双缩脲反应。当底物中含有肽键(多肽)时,样品中的铜与多肽配位呈紫色,在 540 nm 处通过比色法可分析浓度。鉴定反应的灵敏度为 5 ~ 160 mg/mL。需要注意的是,能与双缩脲试剂发生紫色反应的化合物分子中至少含有两个肽键,因此,二肽无法用双缩脲试剂来检验。

2. 仪器和试剂

仪器:紫外 - 可见分光光度计、分析天平、恒温培养箱等。

试剂:双缩脲试剂(0.75 g 硫酸铜和 3 g 酒石酸钾钠溶于 250 mL 蒸馏水,加入 150 mL 10% 氢氧化钠溶液,用水稀释至 500 mL)、蛋白质标准溶液(10 mg/mL)等。

3. 实训步骤

(1)大豆分离蛋白的制备

取 200 g 脱脂低温豆粕粉与 15 倍去离子水混合,用 2 mol/L 氢氧化钠调 pH 值至 7.5 ~ 8,搅拌 1 h 后,将其悬浮液在 4 ℃条件下 6 000 r/min 离心 20 min,取上清液用 2 mol/L 盐酸调 pH 至 4.5。静置后在 4 ℃条件下 6 000 r/min 离心 10min。取蛋白质沉淀分散于水中并用 2 mol/L 氢氧化钠调 pH 至 7,冷冻干燥后置于 4 ℃保存备用。

(2)蛋白质含量测定

①标准曲线的绘制

将牛血清白蛋白(BSA)配制成 10 mg/mL 备用,取 6 支干净的试管,按表 39 - 1 加入试剂,振荡摇匀后室温下反应 30 min,然后于 540 nm 处测定吸光度,以吸光度为横坐标、蛋白质浓度为纵坐标绘制曲线。

表 39 – 1 牛血清白蛋白标准曲线的制备步骤

管号	0	1	2	3	4	5
蛋白质标准液/mL	0	0.2	0.4	0.6	0.8	1
蒸馏水/mL	1	0.8	0.6	0.4	0.2	0
双缩脲试剂/mL	4	4	4	4	4	4

②样品中蛋白含量的测定

取待测蛋白质样品溶液 1 mL 于干净的试管中，加入 4 mL 双缩脲试剂，振荡摇匀后室温下反应 30 min，然后于 540 nm 处测定吸光度，最后对照标准曲线的公式计算求得蛋白质含量。

(3)结果分析

①表示形式

样品中蛋白质含量以 mg/mL 表示，计算结果以重复性条件下两次独立测定结果的算术平均值表示，保留小数点后三位。

②精密度

在重复性条件下获得的两次独立测定结果的绝对差值不得超过其测定算术平均值的 10%。

(4)注意事项

双缩脲试剂的配制应用冷的氢氧化钠。

两种典型蛋白质的功能性测定与比较

1. 技术原理

大豆分离蛋白功能的卓越性是与它高活性的化学基团分不开的，这些功能涉及乳化、凝胶、起泡性等，而蛋清蛋白属于典型的全蛋白质，因此也应表现出明显的蛋白质功能性质，比较二者的关联与区别。

2. 仪器和试剂

仪器：25 mm × 40 mm 的密封玻璃瓶、紫外 – 可见分光光度计、高速分散均质机、分析天平以及磁力搅拌器等。

试剂：大豆色拉油（食品级）、大豆分离蛋白（已制备）、鸡蛋、BSA 标准品、考马斯亮蓝 G250、十二烷基硫酸钠（SDS）、硫酸铵、氯化钠等。

3. 实训步骤

(1)溶解性的测定

①标准曲线绘制

取0.01 g BSA配制成浓度为1 mg/mL的BSA溶液。吸取1 mg/mL的BSA溶液0 mL、0.1 mL、0.2 mL、0.3 mL、0.4 mL、0.5 mL分别加入6支10 mL的试管中,再分别加入1 mL、0.9 mL、0.8 mL、0.7 mL、0.6 mL、0.5 mL的蒸馏水,即配制出0 ~ 0.5 mg/mL不同浓度的BSA溶液。再另取6支10 mL试管,取0.1 mL不同浓度的BSA溶液与5 mL浓度为100 μg/mL的考马斯亮蓝G250溶液加入6支试管后混匀再静置2 min,测定静置后溶液在595 nm处的吸光度。分别以BSA溶液浓度和吸光度为横纵坐标绘制标准曲线。

②上清液蛋白质含量测定

将待测的冻干样品2 g与50 mL蒸馏水利用磁力搅拌器充分溶解后,在10 000 r/min条件下离心15 min,保留上清液。取上述相同浓度的考马斯亮蓝G250溶液5 mL与0.1 mL离心出的上清液混匀再静置2 min,测定静置后溶液在595 nm处的吸光度。在测定吸光度前,需用考马斯亮蓝G250溶液进行调零。

③总蛋白含量测定

凯氏定氮法测定总蛋白含量。

④溶解氮指数(NSI)的测定

测定公式见式(39 - 1)。

⑤大豆分离蛋白与蛋清蛋白的水溶性观察

在4支试管中各加入0.1 ~ 0.2 g大豆分离蛋白,分别加入5 mL水、5 mL饱和氯化钠、5 mL 1 mol/L氢氧化钠、5 mL 1 mol/L盐酸,摇匀,在温水浴中温热片刻,观察大豆分离蛋白在不同溶液中的溶解度。向第1、2支试管加入3 mL饱和硫酸铵溶液,析出大豆球蛋白沉淀;向第3、4支试管中分别用1 mol/L氢氧化钠、1 mol/L盐酸中和至pH = 4 ~ 4.5,观察沉淀的生成,解释大豆分离蛋白的溶解性以及pH值对大豆分离蛋白溶解性的影响。

在50 mL的小烧杯中,加入0.5 mL蛋清蛋白,加入5 mL水,摇匀,观察其水溶性、有无沉淀生成。再向溶液中逐滴加入饱和氯化钠溶液,摇匀,得到澄清的蛋白质的氯化钠溶液。取上述蛋白质的氯化钠溶液3 mL,加入3 mL饱和硫酸铵溶液,观察球蛋白沉淀的析出,再加入粉末硫酸铵至饱和,摇匀,观察蛋清蛋白从溶液中析出,解释蛋清蛋白在水中及氯化钠溶液中的溶解度以及蛋白质沉淀的原因。

(2)起泡与起泡稳定性

①数值表征

称取一定质量的大豆分离蛋白冻干样品配制成浓度为1%的溶液,取20 mL该浓度的大豆分离蛋白溶液倒入 100 mL 的烧杯中,在转速为 10 000 r/min 的条件下用高速分散均质机不间断地搅打 2 min,搅打结束后立即测量此时的泡沫高度(记为 V_1),30 min 后再次测定其泡沫高度(记为 V_2)。

以蛋清蛋白替代大豆分离蛋白,依上法测定。

②性质观察

分别取 3 只 250 mL 的烧杯,每只烧杯中各加入 50 mL 2% 的蛋清蛋白溶液,一只用磁力搅拌器连续搅拌 1 ~2 min,一只用玻璃棒不断搅打 1 ~2 min,最后一只用玻璃管不断鼓入空气 1 ~2 min。观察每只烧杯泡沫的生成,根据泡沫的多少及泡沫稳定时间的长短,评价不同的搅打方式对蛋白质起泡性的影响。

取 2 只 250 mL 的烧杯,每只烧杯中各加入 50 mL 2% 的蛋清蛋白溶液,一份放入水中或冰箱中冷至 10 ℃,一份保持常温(20 ~25 ℃),同时以相同的方式搅打 1 ~2 min,观察泡沫产生的数量及泡沫稳定性有何不同。

分别取 3 只 250 mL 的烧杯,每只烧杯中各加入 30 mL 2% 的蛋清蛋白溶液,其中一只加入 0.5 g 酒石酸,一只加入 0.1 g 氯化钠,另一只做对照,以相同的方式搅打 1 ~2 min,观察泡沫产生的数量及泡沫稳定性有何不同。

以 2% 的大豆分离蛋白替代蛋清蛋白,依上法比较观察。

(3)乳化活性与乳化稳定性

①乳化液类型

取 5 g 蛋清蛋白放入 250 mL 的烧杯中,加入 95 mL 水、0.5 g 氯化钠,用磁力搅拌器搅匀后,边搅拌边滴加 10 mL 大豆色拉油,滴加完后,再强烈搅拌 5 min,使其充分分散成均匀的乳状液,静置 10 min,等泡沫大部分消除后,取出 10 mL 加入少量水溶性色素染色,不断搅拌直至全部染色均匀,取一滴乳状液在显微镜下仔细观察,被染色部分为水相,未被染色部分为油相,根据显微镜下观察所得到的染料分布,确定该乳状液是水包油型还是油包水型。

取 5 g 大豆分离蛋白溶于 95 mL 水中,加入 0.5 g 氯化钠,磁力搅拌器搅拌均匀后,边搅拌边加入 10 mL 大豆色拉油进行乳化。静置 10 min,同上法在显微镜下观察乳状液的类型。

②乳化活性及乳化稳定性

8 mL 0.1% 的大豆分离蛋白溶液(或蛋清蛋白溶液)加入 2 mL 大豆色拉油,高速分散均质机 10 000 r/min 搅打 1 min 后,立即于容器底部取样50 μL,加入到 5 mL 0.1% 的 SDS 溶液中,混匀后 500 nm 处测定吸光度,以 SDS 溶液作为空白,测定吸光度,按式(39 -4)计算乳化活性(EAI);室温放置 10 min 后再次取样测定吸光度,按公式(39 -5)计算乳化稳定性(ESI)。

(4)凝胶的测定

①凝胶的制备

将 120 mg/mL 大豆分离蛋白样品溶解于去离子水中,将溶液放置在密封玻璃瓶中,90 ℃水浴锅中进行加热,30 min 后将样品取出,在冰浴中冷却至室温,在 2 ~4 ℃条件下冷藏 12 h,制备好的凝胶进行测定前需放在室温下平衡 30 min。

②凝胶质构鉴定

A. 凝胶强度:采用 TA – XTplus2 质构仪进行测定,样品测定在 25 ℃进行,仪器操作条件采用 P0.5 探头,下压速度 50 mm/min,下压距离 12 mm。进行三次平行实验,取平均值。

B. 典型压力测试:操作条件采用 P50 探头 TPA 模式。

③基本性状观察

A. 试管中放入 1 mL 蛋清蛋白,并加入 1 mL 水和几滴饱和氯化钠至溶液澄清,置于沸水浴中,加热片刻观察凝胶的形成。

B. 将 2 g 大豆分离蛋白放入 100 mL 烧杯中,加入 40 mL 水溶解,沸水浴中加热并不断搅拌均匀,稍冷,将其分成 2 份,一份加入饱和氯化钙 5 滴,另一份加入 δ – 葡萄糖酸内酯 0.1 ~0.2 g,放置于温水浴中数分钟,观察凝胶的生成。

C. 取一支试管,加入 0.5 g 明胶和 5 mL 水,水浴中温热溶解形成黏稠溶液,冷却,观察凝胶的生成。

(5)结果分析

①溶解氮指数(%)的计算

按式(39 –1)所示。

$$\mathrm{NSI} = \frac{\text{上清液蛋白质含量}}{\text{总蛋白含量}} \times 100\% \quad (39-1)$$

取三次平行测定的算术平均值作为结果,结果保留小数点后三位。

②起泡能力与起泡稳定性计算

A. 起泡能力(FC)的计算按式(39 –2)所示。

$$\mathrm{FC} = \frac{V_1 - 20}{20} \times 100\% \quad (39-2)$$

B. 泡沫稳定性(FS)的计算按式(39 –3)所示。

$$\mathrm{FS} = \frac{V_2 - 20}{V_1 - 20} \times 100\% \quad (39-3)$$

取三次平行测定的算术平均值作为结果,结果保留小数点后三位。

③乳化活性及乳化稳定性

分别按式(39 –4)、式(39 –5)计算。

$$\mathrm{EAI}(\mathrm{m^2/g}) = \frac{2 \times 2.303}{c \times (1-\varphi) \times 10^4} \times A_0 \times \text{稀释倍数} \quad (39-4)$$

$$ESI = \frac{A_{10}}{A_0} \times 100\% \quad (39-5)$$

式中：c——样品浓度，g/mL；φ——乳化液中油相的比例，0.25；A_0——初始乳化液的吸光度；A_{10}——10 min 后的吸光度。取三次平行测定的算术平均值作为结果，结果保留小数点后三位。

④凝胶值的表示

凝胶强度以仪器直接检测最大值 N 表示，凝胶质构以其弹性、黏性、咀嚼性、回弹性等表示。取三次平行测定的算术平均值作为结果，结果保留小数点后三位。

实训项目四十
蔬菜护绿的几种形式比较

1. 课前预习

（1）蔬菜在加工过程中褐变以及色素的不稳定性。
（2）蔬菜护绿的意义以及应用前景。

2. 技能要求

（1）了解蔬菜在加工过程中的颜色变化以及应对方式。
（2）熟悉蔬菜护绿的几种方法及原理。

3. 术语与定义

蔬菜在加工过程中的变色是一个很复杂的问题，引起变色的因素主要有褐变以及色素物质变色。褐变依其反应机理的不同可分为酶促褐变和非酶促褐变。其中酶促褐变是在有氧的条件下，酚酶催化酚类物质形成醌及其聚合物的反应过程；非酶促褐变是指在没有酶参与的情况下发生的褐变。

几种蔬菜护绿设计的比较

1. 技术原理

叶绿素属于卟啉族化合物，卟啉结构中的金属元素是镁，叶绿素的性质不稳定，可以发生很多反应，其中大多数反应都能破坏它的绿色，例如光照、受热或遇酸时绿色褪去，蔬菜本身的叶绿素分解酶也会使叶绿素分解生成黄色降解产物。在绿色蔬菜加工中，抑制褐变及色素物质变色，主要从降低酶的活性、降低氧含量、用铜离子或锌离子取代叶绿素中的镁离子以及使用食品添加剂进行染色等几个方面加以控制。

2. 仪器和试剂

仪器：分析天平、磁力搅拌器等。

试剂：护绿剂（氢氧化钠、氢氧化镁、碳酸镁、六偏磷酸钠、叶绿素铜钠盐、锌盐以及蛋白性物料等）。

3. 实训步骤

（1）碱性缓冲液护绿

以氢氧化钠、氢氧化镁、碳酸镁、六偏磷酸钠等缓冲液，调节其 pH = 6.8 ~ 7.2 处理菜豆（俗称四季豆），调节 pH = 8.0 ~ 9.5 处理蔬菜。

（2）叶绿素铜钠盐护绿

将叶绿素提取出来，经皂化后再用铜盐取代卟啉环中的镁原子制备叶绿素铜钠盐。以 pH = 9.5、200 mg/L 的叶绿素铜钠盐处理蔬菜 4 ~ 6 h，感官分析其护绿效果。同时检测制品铜含量范围 3 ~ 4 mg/kg，低于国家标准。

（3）锌盐护绿

在微碱性溶液（pH = 8）中，加入 0.6% 氯化锌，然后按菜水比 1∶3 放入蔬菜，在室温下浸泡 6 ~ 8 h 可达到护绿效果。或 pH = 9.5 的 0.02% 氯化锌溶液处理蔬菜，浸泡 14 h。

（4）复合盐护绿

①铜、钙盐复合处理

以菜豆为原料，于 95 ~ 100 ℃水中热烫 1.5 min 左右，充分快速冷却后置于 pH = 1.5 柠檬酸溶液中脱色 2.5 h，流动水浸泡去除多余的酸后浸于 300 mg/L 硫酸铜溶液中，85 ℃加热 25 min，流动水冷却清洗 2 h，至水无色后放入 0.6% 氯化钙溶液中，浸泡 10 ~ 15 min，然后再放到 pH = 4.2 的酸液中，固形物占 60%，液体占 40%，包装成品，在 85 ~ 90 ℃水中蒸煮 20 ~ 30 min，冷却后即可。

②铜、锌盐复合处理

以菠菜为原料，用 1% 碳酸钠水溶液浸泡 10 min，以中和菠菜中的一些有机酸，同时有利于铜、锌离子等渗透进入菠菜组织内。处理完后，可用清水洗去残留碱液。

用 200 mg/L 乙酸铜、200 mg/L 乙酸锌、200 mg/L 碳酸钠配制成护绿液，在 0.09 MPa下保持 15 mim，进行护绿处理。处理完毕，捞出用清水漂洗。

用 0.1% 氯化钙溶液浸泡 10 min。钙离子渗入组织，与果胶酸作用生成果胶酸钙，此盐具有凝胶作用，能在细胞间隙黏结增加细胞间连接，从而在护绿的基础上改善质地。

(5)结果分析

按照以上处理方式,对比其护色效果及产品的品质。评价不同产品的最优护色策略。

实训项目四十一

食品原料中单宁含量的测定

1. 课前预习

(1)单宁的化学组成与基本性质。

(2)单宁在常见食品相关原料中的分布。

2. 技能要求

(1)掌握 NY/T 1600—2008、GB/T 15686—2008 对单宁含量的分析方法。

(2)掌握单宁的化学分析方法,进一步熟悉络合滴定、氧化还原滴定操作方法。

(3)通过测定,了解典型食品中风味物质——多酚物质单宁的含量水平。

3. 术语与定义

单宁在植物界中分布广泛,它是一类分子质量在 500～3 000 D 之间的水溶性酚类化合物,是一种重要的次级代谢产物,是植物除木质素以外含量最多的一类酚类物质。按化学结构进行分类,单宁可分为水解单宁和缩合单宁,水解单宁是指酚酸或其衍生物与葡萄糖或多元醇通过酯键等形成的多酚,在稀酸、稀碱和酶作用下可水解成较简单的化合物;水解单宁又可分为没食子酸单宁(水解后可生成没食子酸)和逆没食子酸单宁(水解后有鞣花酸生成)。

单宁又有独特的抗氧化性,能有效抵御生物氧化作用,它还有清除活性氧的功能,在化妆品中加入单宁能有效抑菌。

没食子酸 765 nm 分光光度法

1. 技术原理

以没食子酸为主的单宁类化合物在碱性溶液中可将钨钾酸还原成蓝色化合物,该化合物在 765 nm 处有最大吸收峰,其吸光度与单宁含量成正比,以没食子酸为标准物质,标准曲线法定量。

2. 仪器和试剂

仪器:紫外-可见分光光度计、分析天平、组织捣碎机、鼓风干燥箱、高速离心机等。

试剂:钨酸钠-钼酸钠混合溶液(取钨酸钠50 g,钼酸钠12.5 g,用350 mL水溶解到1 000 mL回流瓶中,加入磷酸25 mL及盐酸50 mL,充分混匀,小火加热回流2 h,再加入75 g硫酸锂、25 mL蒸馏水、数滴溴水,继续沸腾15 min,至溴水完全挥发为止,冷却后,转入500 mL容量瓶定容,过滤,置棕色瓶中保存,使用时稀释1倍)、碳酸钠溶液(75 g/L)、没食子酸标准储备液(1 000 mg/L)。

3. 实训步骤

(1)样品的制备

取果蔬样品的可食部分,用干净纱布擦去表面的附着物,采用对角线分割法,取对角部分,切碎,充分混匀,按四分法取样,于组织捣碎机中匀浆备用。

(2)单宁的提取

称取果实匀浆2~5 g,用80 mL水洗入100 mL容量瓶中,放入沸水浴中提取30 min,取出,冷却,定容,吸取样品提取液2 mL,在8 000 r/min下离心4 min,上清液备用;葡萄酒直接吸取2~5 mL稀释至100 mL,备用。

(3)标准曲线的绘制

吸取不同浓度的没食子酸标准使用液(0 mg/L、10 mg/L、20 mg/L、30 mg/L、40 mg/L、50 mg/L)各1 mL,分别加水5 mL,钨酸钠-钼酸钠混合溶液1 mL和碳酸钠溶液3 mL,混匀,得到的没食子酸标准溶液浓度分别为0 mg/L、1 mg/L、2 mg/L、3 mg/L、4 mg/L、5 mg/L,放置2 h,显色,以0 mg/L为空白,在765 nm波长下测定标准溶液的吸光度,以没食子酸浓度为横坐标、吸光度为纵坐标,绘制标准曲线。

(4)样品的测定

吸取1 mL样品溶液,分别加入5 mL水、1 mL钨酸钠-钼酸钠混合溶液和3 mL碳酸钠溶液,进行显色反应,放置2 h后,以0 mg/L为空白,在765 nm波长下测定样品溶液的吸光度,根据标准曲线求出样品溶液的单宁浓度,以没食子酸计。如果吸光度超过5 mg/L没食子酸的吸光度,则将样品溶液稀释后重新测定。

(5)结果分析

①单宁(以没食子酸计)含量按式(41-1)进行计算。

$$X = \frac{c \times 10 \times A}{m} \tag{41-1}$$

式中:X——样品中单宁含量,mg/kg或mg/L;c——样品测定液中没食子酸的浓度,mg/L;10——样品溶液定容体积,mL;A——样品稀释倍数;m(或V)——样品质量或体积,g 或 mL。

计算结果以重复性条件下两次独立测定结果的算术平均值表示,保留小数点后三位。

②精密度。

将没食子酸标准溶液在 200 ~ 4 000 mg/kg 范围添加到水果、蔬菜和葡萄酒中,进行方法的精密度实验,添加回收率在 80% ~ 120%。在重复性条件下获得的两次独立测定结果的绝对差值不得超过算术平均值的 15%。

单宁 680 nm 分光光度法

1. 技术原理

样品中的单宁在碱性溶液中将磷钨钼酸还原,生成深蓝色化合物,其颜色的深浅与单宁的含量成正比,可与标准单宁进行定量比较。

2. 仪器和试剂

仪器:紫外 - 可见分光光度计、分析天平、组织捣碎机、恒温鼓风干燥箱等。

试剂:标准单宁溶液(0.5 mg/mL)、F - D(Folin - Donis)试剂(取钨酸钠 50 g、磷钼酸 10 g,置于 500 mL 锥形瓶中,加 375 mL 水溶解,再加磷酸 25 mL,连接冷凝管,在沸水浴上加热回流 2 h,冷却后用水稀释至 500 mL)、碳酸钠溶液(1 mol/L)、偏磷酸盐溶液(60 g/L)、乙醇等。

3. 实训步骤

(1)标准曲线的绘制

按照表 41 - 1 编号,分别加入试剂于 50 mL 容量瓶,加完后剧烈振荡,以蒸馏水稀释至刻度,充分混合,于 30 ℃放置 1.5 h 后,用紫外 - 可见分光光度计在波长 680 nm 处测定吸光度,并绘制标准曲线。

表 41 - 1　标准曲线绘制试剂

试剂	0	1	2	3	4	5	6
标准单宁溶液/mL	0	0.1	0.2	0.4	0.6	0.8	1
75% 乙醇/mL	1.7	1.7	1.7	1.7	1.7	1.7	1.7
60 g/L 偏磷酸盐溶液/mL	0.1	0.1	0.1	0.1	0.1	0.1	0.1
蒸馏水/mL	25	25	25	25	25	25	25
F - D 试剂/mL	2.5	2.5	2.5	2.5	2.5	2.5	2.5
1 mol/L 碳酸钠溶液/mL	10	10	10	10	10	10	10

(2)样品的测定

果实去皮,迅速称取50 g,加入95%乙醇50 mL、偏磷酸盐50 mL、水50 mL,置于组织捣碎机中打浆1 min(或在研钵中研磨成浆状)。称取均浆20 g于100 mL容量瓶中,加入75%乙醇40 mL,在沸水浴中加热20 min,冷却后用75%乙醇稀释至刻度,充分混合,以慢速定量滤纸过滤,弃去初滤液。

吸取上述滤液2 mL置于已盛有25 mL蒸馏水、2.5 mL F-D试剂的50 mL容量瓶中,然后加入1 mol/L碳酸钠溶液10 mL,剧烈振荡后,以水稀释至刻度线,充分摇匀(此时溶液的颜色逐渐变蓝),同时做空白实验。于30 ℃恒温箱中放置后,以紫外-可见分光光度计于680 nm测定吸光度(以试剂空白调零)。

(3)结果分析

①样品中单宁含量按式(41-2)进行计算。

$$\omega = \frac{m_1 \times 10^{-6}}{m \times K} \times 100\% \qquad (41-2)$$

式中:ω——样品中单宁含量;m_1——样品测定液中单宁的质量(由标准曲线获得),μg;m——样品质量,g;K——稀释倍数,如按上述方法取样50 g时,$K = \frac{20}{200} \times \frac{2}{100} = \frac{1}{500}$。计算结果以重复性条件下两次独立测定结果的算术平均值表示,保留小数点后三位。

②精密度。

在重复性条件下获得的两次独立测定结果的绝对差值不得超过算术平均值的10%。

(4)注意事项

①处理样品时要尽可能快速进行,以免单宁氧化造成误差。

②维生素C也能与F-D试剂作用产生蓝色,因此当样品含有维生素C时需要进行校正,1 mg维生素C相当于0.8 mg单宁。

单宁525 nm分光光度法

1.技术原理

用二甲基甲酰胺溶液提取谷物高粱中的单宁,经离心后,取上清液加柠檬酸铁铵溶液和氨溶液,显色后,以水为空白对照,用分光光度计于525 nm处测定吸光度,用单宁做标准曲线测定谷物高粱单宁含量。

2.仪器和试剂

仪器:紫外-可见分光光度计、分析天平、万能粉碎机、磁力搅拌机、旋涡振荡器、离心机等。

试剂:标准单宁溶液(2 mg/mL)、二甲基甲酰胺溶液(75%)、柠檬酸铁铵(铁含量17% ~20%)、氨溶液(8 g/L)。

3. 实训步骤

(1)样品的制备

除去样品谷物(以高粱为例)中的杂质,用万能粉碎机粉碎,过筛,并避光保存(单宁容易氧化,应迅速分析)。

(2)样品的测定

①取样

精确称取样品约1 g,置离心管中。

②测定

取20 mL二甲基甲酰胺溶液于装有样品的离心管中,盖好密闭盖并用搅拌器搅拌提取60 min后,以3 000 r/min离心机处理10 min,留上清液备用。

取上清液于试管,分别添加6 mL水和1 mL氨溶液,然后用旋涡振荡器振荡数秒;再取上清液于另一试管,分别添加5 mL水和1 mL柠檬酸铁铵溶液,以旋涡振荡器混匀。再加1 mL氨溶液,旋涡振荡器再次混匀。待以上两步操作结束10 min后,以水为空白对照,分别倒入比色皿于525 nm处测定吸光度。

试样的吸光度测定结果A_x为两个吸光度之差。

③标准曲线的绘制

分别吸取0 mL、1 mL、2 mL、3 mL、4 mL、5 mL单宁溶液,加入二甲基甲酰胺溶液,并定容至20 mL,制备单宁标准系列。

分别吸取上述单宁标准系列1 mL于试管中,分别添加5 mL水和1 mL柠檬酸铁铵溶液,用旋涡振荡器混合数秒。然后,加1 mL氨溶液,再以旋涡振荡器混匀。静置10 min后,将溶液置于比色皿,以水为空白对照,于525 nm处测定吸光度。

(3)结果分析

①样品中单宁含量(ω)以干基中单宁的质量分数(%)表示,按式(41 - 3)进行计算。

$$\omega = \frac{2c}{m} \times \frac{100}{100 - H} \times 100\% \qquad (41-3)$$

式中:ω——样品中单宁含量;c——样品测定液中单宁的浓度(由标准曲线获得),mg/mL;m——样品质量,g;H——样品的水分含量。

计算结果以重复性条件下两次独立测定结果的算术平均值表示,保留小数点后三位。

②精密度。

在重复性条件下获得的两次独立测定结果的绝对差值不得超过算术平均值

的 10%。

4. 注意事项

二甲基甲酰胺溶液有害健康，应避免被吸入或与皮肤接触。

实训项目四十二
大蒜辣素含量的测定

1. 课前预习

(1)大蒜中功能性成分的组成形式。

(2)大蒜辣素与蒜氨酸的区别与关联。

2. 技能要求

(1)掌握定硫法测定大蒜辣素的基本方法。

(2)掌握丙酮酸差量法测定大蒜辣素的基本方法。

3. 术语与定义

大蒜辣素属亚砜类，遇热、碱或光均易分解成一系列硫化物。以前体物质蒜氨酸存在于大蒜中，在完整的细胞中，蒜氨酸存在于细胞质中，而蒜氨酸酶存在于液泡中，细胞破碎后二者接触，继而蒜氨酸发生转化，生成大蒜辣素。

研究显示，大蒜辣素具有抗链球菌属菌、隐球菌属菌等抗菌作用。

定硫法

1. 技术原理

大蒜辣素分子中含有亚砜基，不稳定，可被氧化成 SO_4^{2-}，在微沸的条件下与 Ba^{2+} 发生反应，生成硫酸钡沉淀，经碳化、灰化后以质量法计算获得。

2. 仪器和试剂

仪器：分析天平、电炉、研钵、恒温水浴锅、恒温干燥箱、马弗炉以及坩埚等。

试剂：硝酸、盐酸(1:1)、氯化钡(5%)、氢氧化钠(10%)、甲基橙等。

3. 实训步骤

(1)样品的制备

取具代表性的新鲜蒜瓣,去皮,在研钵中捣至糊状。

(2)样品处理及反应

精确称取 10 g 糊状样品,置 250 mL 烧杯中,加浓硝酸 4 mL,用玻璃棒搅拌至呈黄色,静置 40 min,用 350 ~ 400 mL 水分次加入,过滤,滤液收集于 500 mL 烧杯中,加 0.1% 甲基橙 5 滴,再加氢氧化钠溶液至黄色,然后加盐酸至红色,再适当过量,于低温电炉上浓缩至 100 mL,微沸下加 20 mL 氯化钡溶液,摇匀,盖上表面皿,90 ℃水浴保温 3 h,取出,冷却,陈化 2 h,用定量慢速滤纸过滤,热水洗至无 Cl^-(用稀硝酸银溶液检验)为止。

(3)测定

将沉淀连同滤纸放入已恒重的坩埚中,在低温电炉上烘干并使滤纸碳化,放入马弗炉中于 600 ℃灼烧 0.5 h 进行灰化,残渣至恒重,称量。

(4)结果分析

①样品中大蒜辣素的含量依灰化后硫酸钡的质量按式(42 - 1)计算。

$$\omega = \frac{\frac{32.06}{233.39} \times m_A \times \frac{162.26}{32.06 \times 2}}{m_B} \times 100\% \qquad (42-1)$$

式中:ω——样品中大蒜辣素的质量分数;32.06——硫的相对原子质量;233.39——硫酸钡的相对分子质量;162.26——大蒜辣素的相对分子质量;m_A——硫酸钡的质量,g;m_B——样品的质量,g。

计算结果以重复性条件下两次独立测定结果的算术平均值表示,保留小数点后三位。

②精密度。

在重复性条件下获得的两次独立测定结果的绝对差值不得超过其测定算术平均值的 10%。

(5)注意事项

①注意定硫法中酸度不能太高,也不能太低。过高容易产生酸效应,过低容易引起杂质离子共沉淀。硝化处理后溶液呈强酸性,用 0.1% 的甲基橙做指示剂,用氢氧化钠溶液调至黄色(pH 为 4.4),再用盐酸调至红色(pH 为 3.1),适当过量,使 pH 值在 2 左右。

②硝酸的用量,应保证后期硫酸钡沉淀反应完全。

实训项目四十三
柑橘类及其制品中香精油的提取及含量测定

1. 课前预习

香精油的主要存在形式以及蒸馏法的适用性。

2. 技能要求

(1)掌握农业行业标准 NY/T 2013—2011 中香精油含量的测定。

(2)熟悉香精油提取及测定的意义和原理。

3. 术语与定义

香精油是一种从花朵、树叶、木材和其他植物源或动物身上提取或蒸馏出来的带有香味且具有保健功效的液体。香精油不像亚麻油或石油等油类,在某种意义上香精油不是真正的油。

蒸馏法

1. 技术原理

样品中的香精油经蒸馏法提取,提取液中加入盐酸和溴化盐溶液,游离出来的溴与香精油定量反应,以甲基橙为指示剂,用溴化钾－溴酸钾标准溶液滴定,黄色消退为无色即为滴定终点。根据标准溶液滴定消耗量进行定量。

2. 仪器和试剂

仪器:精油蒸馏装置(见图 43－1)、分析天平、组织捣碎机、电热板(电炉)等。

试剂:盐酸溶液(1∶2、1∶3)、氢氧化钠溶液(1 mol/L,称取 40 g 氢氧化钠,用水定容至 1 000 mL)、硫酸溶液(1 mol/L)、溴化钾－溴酸钾标准溶液(取 12 g 溴化钾和 2.8 g溴酸钾,用水溶解,定容至 1 000 mL。条件具备时可用氧化砷溶液标定,滴定前用水稀释 4 倍)、异丙醇、溴酸钾、溴化钾、甲基橙指示剂等。

3. 实训步骤

(1)样品的制备

①取样

取可食果实样品按四分法进行切分后将其切碎,充分混匀后直接取样;果酱、果汁及饮料样品,充分混匀后直接取样;罐头样品,按四分法进行切分后,放入组织捣碎机中匀浆后取样;果脯蜜饯类,按四分法进行切分后,将其切碎充分混匀后取样。

②称样

样品制备后,立即称取两份平行试样(一般果脯蜜饯类1~3 g,果肉、罐头、果汁及饮料等25 g;精确到0.01 g)于500 mL圆底烧瓶中。

(2)蒸馏

依次加入30 mL水和25 mL异丙醇,按图43-1接好蒸馏装置,并检查是否密封完好。用150 mL带刻度锥形瓶接收馏分(在蒸馏时,接收瓶应放入盛有冷水的烧杯中)。

开始加热蒸馏时,尽量保持蒸馏稳定,大约收集30 mL馏分结束,待测。

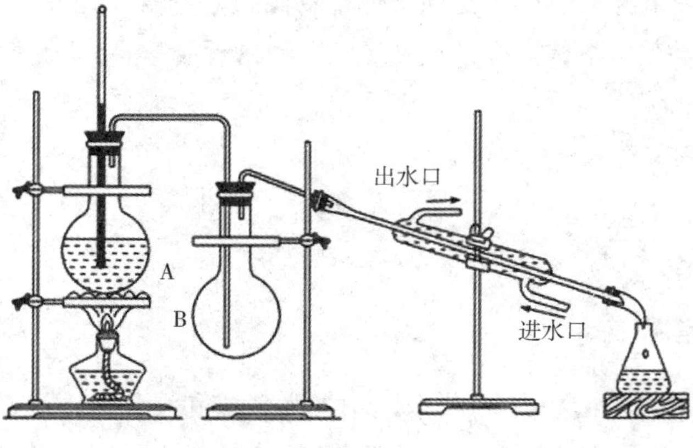

图43-1　水蒸气蒸馏装置

(3)滴定

馏分中加入10 mL盐酸溶液和2~3滴甲基橙指示剂,用溴化钾-溴酸钾标准溶液滴定至无色为终点。

(4)空白实验

吸取30 mL水于500 mL圆底烧瓶中,加25 mL异丙醇,均按上述步骤进行操作。

(5)结果分析

①样品中香精油的含量以d-苧烯的质量分数ω计,数值以毫克每克(mg/g)计,按式(43-1)计算。

$$\omega = \frac{(V_2 - V_1) \times c \times 0.0008}{m \times 0.0248} \times 1000 \qquad (43-1)$$

式中：V_2——试样滴定体积，mL；V_1——空白实验滴定体积，mL；c——溴化钾－溴酸钾标准溶液的浓度，mol/L；m——试样质量，g；0.000 8——1 mL 0.024 8 mol/L 溴化钾－溴酸钾滴定液相当于 0.000 8 g d－苧烯的质量。

计算结果以重复性条件下两次独立测定结果的算术平均值表示，保留小数点后三位。

②精密度。

在重复性条件下获得的两次独立测定结果的绝对差值不得超过其测定算术平均值的 10%。

(6)注意事项

氧化砷为限量使用的剧毒物，切记培训安全常识及严格规范使用。

实训项目四十四
液态食品黏度的测定

1. 课前预习

(1)黏度对于食品品质与加工的基本作用。

(2)黏度表征的几种形式。

2. 技能要求

(1)掌握旋转黏度法对液态食品黏度的测定。

(2)了解水分活度测定的意义和原理。

3. 术语与定义

黏度，是液体在外力作用下发生流动时，分子间所产生的内摩擦力。黏度的大小是判断液体食品品质的一项重要物理指数，如啤酒黏度的测定、淀粉黏度的测定。黏度有绝对黏度、运动黏度、相对黏度等。

绝对黏度即动力黏度，指液体以 1 cm/s 的流速流动时，在每 1 cm^2 液面上所需切向力的大小，以帕斯卡秒(Pa · s)为单位。运动黏度即动态黏度，是在相同温度下液体绝对黏度与其密度的比值，以平方米每秒(m^2/s)为单位。相对黏度是溶液黏度与纯溶剂黏度的比值。

动力黏度单位换算：

1 泊(1 P) = 100 厘泊(100 cP)　　　1 厘泊(1 cP) = 1 毫帕斯卡秒 (1 mPa · s)

旋转黏度法

1. 技术原理

Brookfield 黏度计通过一个经校验的铍－铜合金的弹簧带动一个转子在流体中持续旋转,旋转扭矩传感器测得弹簧的扭变程度即扭矩,它与浸入样品中的转子被黏性拖拉形成的阻力成比例,扭矩因而与液体的黏度也成正比。

DV－I＋型黏度计可以测定相当广范围的液体黏度,黏度范围与转子大小和形状以及转速有关。一个特定转子,在流体中转动而产生的扭转力一定的情况下,流体的实际黏度与转子的转速成反比,而剪切应力与转子形状和大小均有关系。对于一个黏度已知的液体,弹簧的扭转角会随着转子转动的速度和转子几何尺寸的增加而增加,所以在测定低黏度液体时,使用大体积转子和高转速组合;相反,测定高黏度液体时,则用细小转子和低转速组合。

DV－I＋型黏度计采用液晶显示,显示信息包括黏度、扭矩、转子号/转速、温度等。

2. 仪器

Brookfield DV－I＋型黏度计。

3. 实训步骤

(1)样品的制备

不同浓度的液态食品(牛奶或啤酒等),以适应不同黏度的表征。

(2)仪器的基本参数

①弹簧型号

对于 Brookfield DV－I＋黏度计系列,有四种不同形变系数弹簧型号可供选择。见表 44－1。

表 44－1　弹簧型号与扭矩匹配表

型号	弹簧扭矩	
	达因·厘米	微牛顿·米
LVDV－I＋	673.7	0.067 3
RVDV－I＋	7 187.0	0.718 7
HADV－I＋	14 374.0	1.437 4
HBDV－I＋	57 496.0	5.749 6

弹簧形变系数越高,其测量范围越大。

②单位的选择

所显示的数值会因所选择的计算单位(CGS 或 SI)而异。

黏度:可以显示 cP 或 mPa · s 值。扭矩:以最大弹簧扭矩的百分比表示。

(3)控制面板介绍

①UP ARROW:上箭头,用于选择转速、转子,以及其他选项。

②DOWN ARROW:下箭头,用于选择转速、转子,以及其他选项。

③MOTOR ON/OFF:开关电机。

④SET SPEED:转速设定。

⑤AUTO RANGE:显示当前转子/转速组合下,可测量的黏度最大值。

⑥SELECT SPINDLE:按第一下进入转子设定模式,通过上、下箭头选择合适的转子编号,再按第二下确定。

(4)自动校零

在读数之前,黏度计必须先进行自动校零。每当电源开关关掉以后,重新使用仪器时都要进行这一步骤。黏度计的显示屏会引导操作者用下面的步骤进行操作:

打开黏度计主机后面的电源开关。然后显示屏出现图 44 - 1 的信息。黏度测量的范围显示在左下角,图 44 - 1 显示的是 RV 型。

BROOKFIELD	DV - I +
RV	VISCOMETER

图 44 - 1

几秒钟以后,屏幕会显示如图 44 - 2:

BROOKFIELD	DV - I +
VERSION:	5.0

图 44 - 2

此时,不需要按任何键。待屏幕显示图 44 - 3 后,依提示按任意键自动调零。

REMOVE	SPINDLE
PRESS	ANY KEY

图 44 - 3

取下转子后,按任意键,开始自动调零。屏幕会闪烁"Autozeroing"。15 s 后,屏幕显示如图 44 - 4 所示。

REPLACE	SPINDLE
PRESS	ANY KEY

图 44 - 4

按任意键,屏幕会显示当前默认参数,如图 44 - 5、图 44 - 6 所示。

cP 0.0	70.1℉
0.0 RPM	%0.0

图 44－5(有温度探针)

cP 表示黏度值(mPa·s),℉表示可选用的温度探针显示温度,RPM 表示转速,%表示扭矩。

cP 0.0	S01
0.0 RPM	%0.0

图 44－6(无温度探针)

S 代表转子变化,01 代表 1 号转子。

(5)转子选择

将转子旋接到黏度计的连接头上,注意它是左手螺旋方向的。在连接转子时要注意保护黏度计的连接头,并用一只手轻轻提起它,这样可以避免枢轴针和宝石轴承的强烈碰撞和摩擦。转子的螺帽和黏度计的螺纹连接头要保持光滑和清洁,以避免转子转动不正常。可以通过转子螺帽上的数字识别转子的型号。

DV－I＋需要键入转子编号来进行黏度的计算。DV－I＋黏度计存储器存储了所有标准转子编号,以两位数表示。

按“SELECT SPINDLE”键就会显示当前的转子号而不是温度,字母 S 开始闪动,持续 3 s。如果在 S 闪动时按上、下箭头键,S 右边的两位数的转子号码就会随之变化(按上箭头使转子号增大,按下箭头使转子号减小)。如果按住箭头键不放,一连串的转子号就会滚动直到放松按键或到达转子号滚动条的最顶端或最低端。选择所测试转子号后,再按一次“SELECT SPINDLE”键,就可确定所选转子。

(6)转速的选择

DV－I＋黏度计内设 18 个转速可供选择,按上、下箭头键选择转速,然后在“RPM”闪动 3 s 的时间内按“SET SPEED”键确认。如选择设定转速为 10 RPM,则屏幕显示如图 44－7 所示。

cP 872.0	S01
10.0 RPM	%87.2

图 44－7

在选择转子或转速的时候,DV－I＋黏度计就根据新设定的转子和转速计算黏度值,即刻显示出来。

(7)最大量程显示

按“ENTER/AUTO RANGE”键,可以得到当前转子/转速组合可测量的最大量程。任何时间按此键,都可以看到当前黏度值变成满刻度量程时的黏度值。这时扭矩为100%。若此时选择的是 1 号转子且 10 RPM 条件,则如图 44－8 所示。

cP 1000.0	S01
10.0 RPM	%100

图 44－8

(8)黏度单位的选择

按住"AUTO RANGE"键可以选择黏度的单位是 CGS(cP)制还是 SI(mPa · s)制。

(9)温度单位的选择

按住下箭头可以选择温度的单位是华氏度(℉)还是摄氏度(℃)。

(10)超出测量范围

黏度计测定黏度时,百分比读数需在 10% ~100% 的范围内,以确保测量的准确性。若超出测量范围,扭矩超过 100%,百分比读数、黏度均显示 EEEE,如图44－9所示。

cP EEEE	S01
10.0 RPM	%EEEE

图 44－9

此时,可更换转速或转子。若选择转速使扭矩低于 10.0%,屏幕会出现"?",如图 44－10 所示。

cP ? 78.0	S01
10.0 RPM	% ? 8.2

图 44－10

若选择不当,扭矩可能为负,如图 44－11 所示。

cP ? 78.0	S01
10.0 RPM	% ? 8.2

图 44－11

(11)测量

按照黏度计及实验的要求,测量时可采用600 mL 的 Griffin 烧杯,可根据实际要求选配加热套。

(12)结果分析

①流体黏度的意义

分析浓度、温度等因素对液态食品黏度的影响,讨论其测定的意义。

②注意事项

A. 安装黏度计,需要调节机身顶部的水平气泡在黑色圆圈中。

B. 将转子浸入样品中至转子杆上的凹槽刻痕处。如果是碟形转子,注意要以一个角度倾斜地浸入样品中以避免因产生气泡而影响测试结果。在这过程中应避免有横向冲击。然后检查黏度计是否处于水平状态、转子浸入深度是否合适。

C. 选择转子和转速组合,使扭矩百分比读数在 10% ~100% 范围内。高黏度的样品,使用面积小的转子和较低的转速;对于低黏度的样品,情况相反。对于非牛顿流体,转速、转子的改变会导致黏度读数的变化。另外,在读数前,应隔一段时间让度数稳定下来,时间的长短取决于不同的流体性质。

D. 每当换转子或样品时,要按"MOTORON/OFF/ESCAPE"键使电机关闭。测量完毕取下转子,然后清洗干净,放回装转子的盒中。

食品微生物检测篇

实训项目四十五
细菌的染色及观察

1. 课前预习

(1)食品中微生物检测的必要性及基本手段。

(2)显微镜的基本构造。

(3)细菌常规染色与革兰氏染色的区别与联系。

2. 技能要求

(1)熟悉普通光学显微镜的构造及各部分的功能,熟悉显微镜的维护及保养方法。

(2)学习并掌握油镜的原理和使用方法。

(3)了解细菌的基本形态和特殊形态。

(4)了解细菌革兰氏染色、芽孢染色的原理;掌握革兰氏染色、芽孢染色的制片技术。

3. 术语与定义

革兰氏染色法是细菌学中广泛使用的一种鉴别染色法。未经染色的细菌,由于其与周围环境折光率差别甚小,在显微镜下不易观察。染色后的细菌与环境形成鲜明对比,可以清楚地观察到细菌的形态、排列及某些结构特征,进而可以分类鉴定。革兰氏染色属复染法。

革兰氏阳性菌:葡萄球菌属(主要是金黄色葡萄球菌、表皮葡萄球菌等)、链球菌属(肺炎链球菌、草绿色链球菌、肠球菌等)、白喉杆菌、炭疽杆菌、破伤风杆菌、蜡样芽孢杆菌等,其中,金黄色葡萄球菌、肠球菌等为临床重要的病原菌。

革兰氏阴性菌:埃希氏菌属、枸橼酸杆菌属、假单胞菌属(绿脓杆菌等)、莫拉菌属(卡他莫拉菌等)、奈瑟菌属(淋球菌、脑膜炎双球菌等)、不动杆菌属(鲍曼不动杆菌、鲁菲不动杆菌等)、克雷伯氏菌属(主要是肺炎克雷伯菌)、沙门氏菌属、志贺氏菌属(痢疾杆菌等)、黄杆菌属、变形杆菌属、军团菌属、耶尔森菌属、嗜血杆菌属(杜克雷嗜血杆菌、流感嗜血杆菌等)、产气杆菌属、霍乱弧菌、阴沟肠杆菌等。

显微镜的构造与使用常识

1. 技术原理

微生物学研究用的显微镜通常有低倍物镜(16 mm,10 ×)、高倍物镜(4 mm,40 ~ 45 ×)和油镜(1.8 mm,95 ~ 100 ×)三种。油镜常标有黑圈或红圈,在三者中放大倍数最大,使用油镜不但能增加照明度,还能增加数值孔径,因为数值孔径能够决定显微镜的放大效能。

细菌的个体形态是指细菌细胞的大小、形状等特征,通过观察细菌个体形态,进一步熟悉显微镜的使用方法。

2. 仪器和材料

仪器:显微镜。

材料:香柏油、二甲苯、擦镜纸、载玻片、盖玻片。

3. 实训步骤

(1)显微镜各部件的名称及作用

显微镜是观察微生物的工具,显微镜种类繁多,但构造基本上分为两大部分,即机械部分和光学部分。下面以光学显微镜为例,简要介绍各部分的构造,如图 45 - 1 所示。

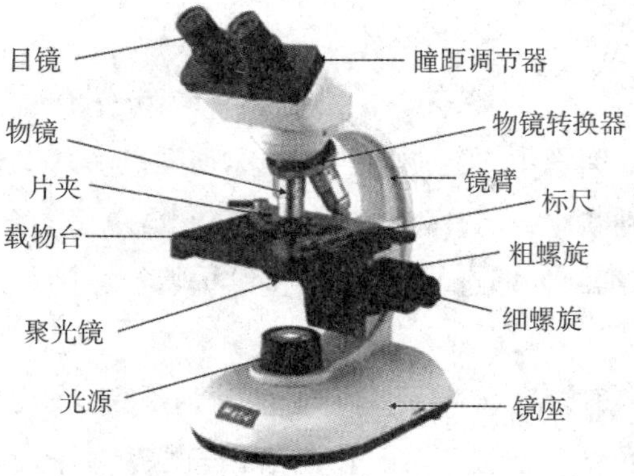

图 45 - 1　显微镜基本结构示意图

①机械部分

机构装置由镜座、镜臂、镜筒与物镜转换器、载物台、移动器、粗细螺旋组成。

②光学部分

由目镜、物镜、聚光镜、反光镜、光圈组成。

接目镜:装在镜筒的上端,一般备有 5×、10×、16×等种,目镜将物镜成的实像进一步放大,形成虚像,并映入眼帘,在视网膜上成像。

物镜(亦称接物镜):由一组特殊的透镜组成,一般有低倍镜(10×)、高倍镜(40×)和油镜(100×)。它们各有一定的放大倍数,光线通过标本至物镜而成像。

反光镜:由一平面镜和一凹面镜组成,可将投射在它上面的光线反射到聚光镜的中央,照亮标本。一般使用平面镜,在光线较弱情况下可使用凹面镜。若显微镜带有人工光源,则不用反光镜而改用集光镜。

聚光镜:将反光镜(或集光镜)投射来的光线汇集成一束强的光锥,直接送到标本上,增加照明强度和形成适宜的光锥角度。

光圈:在聚光镜下面有一虹彩光圈,可放大或缩小光圈,以调节光束的直径,并有消除干扰光线的作用。通常用低倍镜检查或悬滴法检查时,需较弱的光照,应缩小光圈,用高倍镜或油镜检查时,需较强的光照,应放大光圈。除调节光圈以调节光照外,还可转动聚光器的升降螺旋,以调节聚光镜所形成的光锥和标本的关系。使用低倍镜时应降低聚光镜位置,使用高倍镜或油镜时应将聚光镜提升到接近标本。

(2)观察

①取镜

从镜箱中取出时,一手握镜臂,一手托镜座,放在实验台上。首先要熟悉显微镜的结构和性能,检查各部件是否完好、镜身有无尘土、镜头是否清洁。

②调节光源

A. 将低倍物镜旋到镜筒下方,旋转粗螺旋,使镜头和载物台距离为 0.5 cm 左右。

B. 上升聚光镜,使之与载物台表面相距 1 mm 左右。

C. 看目镜调节光源,开闭光圈,调节光线强弱,直至视野内得到最均匀适宜的照明为止。

一般染色标本油镜检查时,光度宜强,可将光圈开大,聚光镜上升到最高,反光镜调至最强;未染色标本,在低倍物镜或高倍物镜下观察时,应适当地缩小光圈,下降聚光镜,调节反光镜,使光度减弱,否则光线过强不易观察。

③低倍物镜观察

低倍物镜(5×或 10×)视野面广,焦点深度较深,易于发现目标、确定检查位置,故先用低倍物镜观察为宜。

操作步骤:

A. 先将标本玻片(注意标本朝上)置于载物台上,并将标本部位处于物镜的正下方、转动粗螺旋,上升载物台使物镜距标本约 0.5 cm 处。

B. 看目镜,同时反时针慢慢旋转粗螺旋使载物台缓慢上升,至视野内出现物像后,改用细螺旋,上下转动,仔细调节焦距和照明,直至视野内获得清晰的物像。

C. 移动推动器,将所要观察的部位置于视野中心,准备换高倍物镜观察。

④高倍物镜观察

将高倍物镜(40 ×)转至镜筒下方(在转换物镜时,要从侧面注视。以防低倍物镜未对好焦距而造成镜头与玻片相撞),调节光圈和聚光镜,使光线亮度适中,再仔细反复转动细螺旋,调节焦距,获得清晰物像,再移动推动器选择最满意的镜检部位,将染色标本移至视野中央,待油镜观察。

⑤油镜观察

A. 用粗螺旋提起镜筒,转动转换器将油镜转至镜筒正下方。在标本镜检部位滴上一滴香柏油。右手顺时针慢慢转动粗螺旋,上升载物台,并及时从侧面注视使油镜浸入油中,直到几乎与标本接触时为止(注意切勿压到标本,以免压碎玻片,甚至损坏镜头)。

B. 看目镜,右手反时针方向微微转动粗螺旋,下降载物台(注意:此时只准下降载物台,不能向上调动),当视野中有模糊的标本物像时,改用细螺旋,并移动标本直至标本物像清晰为止。

C. 如果向上转动粗螺旋已使镜头离开油滴又尚未发现标本,可重新按上述步骤操作直到看清物像为止。

D. 观察完毕,下降载物台,取下标本。先用擦镜纸擦去镜头上的油,然后再用擦镜纸沾少量二甲苯擦去镜头上残留油迹,最后再用擦镜纸擦去残留的二甲苯。切忌用手或其他纸擦镜头,以免损坏镜头,可用绸布擦净显微镜的金属部件。

(3)细菌简单染色的操作方法

①涂片:先滴一小滴蒸馏水于干净载玻片上,然后用接种环取小量菌体轻轻混入水中,涂成一薄层(1 cm)。

②干燥:在空气中令其自然干燥或在酒精灯火焰上端高处(以手掌在火焰上不烫手处不宜)微微加温,但勿靠近火焰。

③固定:把涂有细菌的面朝上,在酒精灯火焰上通过 3 次。目的是杀死菌体细胞以及改变对染色剂的通透性,同时使涂片的菌体紧贴载玻片而不易被水冲洗脱落。

④染色:在涂面上加一滴苯酚复红液,并覆盖整个涂面染色 1 ~2 min,用洗瓶小心冲洗,洗去多余染料。再将标本晾干或用吸水纸轻轻吸去水分,但不能擦坏涂面。

⑤镜检:置显微镜下用油镜观察菌体形态并绘图记载。

通过对细菌形态的观察进一步熟悉显微镜的使用方法。

(4)注意事项

①显微镜镜头的保护和保养。

②使用显微镜时应据不同的物镜而调节光线。

③为加深对显微镜的认识,可对细菌实行常规检测并观察。

4. 思考题

(1)在使用油镜进行调焦时,应将镜筒徐徐上升还是下降?为什么?

(2)使用油镜观察时,为什么要在载玻片上滴加香柏油?油镜观察结束后,为什么不能用过多的二甲苯擦拭镜头?

(3)镜检玻片标本时,为什么要先用低倍物镜观察,而不是直接用高倍物镜或油镜观察?

细菌的革兰氏染色

1. 技术原理

革兰氏染色法是先用染色剂结晶紫进行初染,再用碘液媒染,然后用乙醇(或丙酮)脱色,最后用复染剂(如番红)复染。经此方法染色后,细胞保留初染剂蓝紫色的细菌为革兰氏阳性菌(G^+);如果细胞中初染剂被脱色剂洗脱而染上复染剂的颜色(红色),该菌属于革兰氏阴性菌(G^-)。革兰氏染色是鉴别细菌的重要方法,为保证染色结果的正确性,采用规范的染色方法十分重要。

2. 仪器和材料

仪器:显微镜、玻片染色缸等。

材料:菌种(大肠杆菌,枯草芽孢杆菌,金黄色葡萄球菌)、革兰氏染色的染液与脱色剂、载玻片、接种环、擦镜纸、生理盐水或无菌水、火柴、小烧杯、酒精灯、试管架、镊子等。

3. 实训步骤

(1)涂片

在一张载玻片的两端分别滴加一滴黄豆粒大小的生理盐水,利用无菌操作将大肠杆菌、枯草芽孢杆菌,金黄色葡萄球菌任意取两种分别涂布于两滴水中,注意涂片切不可过于浓厚,且涂膜均匀。

(2)固定

将制成的涂片干燥固定,固定时通过火焰 1 ~ 2 次即可,不可过热,以载玻片不烫手为宜。

(3)染色

①初染

将玻片置于玻片搁架上，加结晶紫染色液(加量以盖满菌膜为度)，染色 1～2 min。倾去染色液，用自来水小心冲洗。

②媒染

滴加碘液，染 1～2 min，水洗。

③脱色

滴加 95% 乙醇，脱色 20～25 s 立即水洗，以终止脱色。

④复染

滴加番红，染色 2～3 min，水洗，最后用吸水纸轻轻吸干。

⑤镜检

干燥后，置油镜观察，被染成紫色者即为 G^+；被染成红色者是 G^-。

大肠杆菌、枯草芽孢杆菌，金黄色葡萄球菌的染色结果如图 45－2。

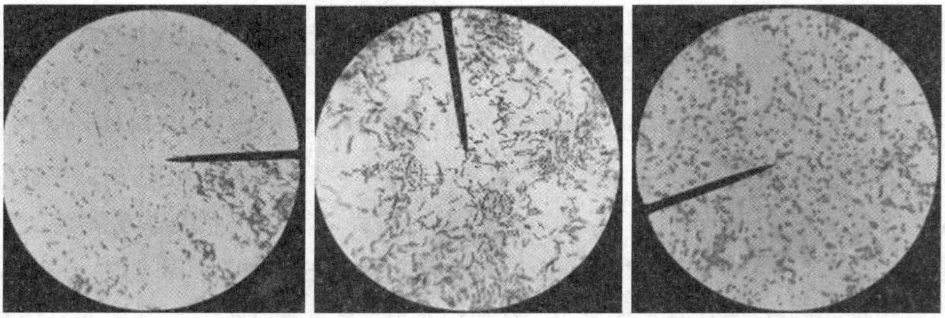

大肠杆菌　　枯草芽孢杆菌　　金黄色葡萄球菌

图 45－2　不同微生物显微观察图(100×)

(4)注意事项

①革兰氏染色的关键是脱色时间。若脱色过度，G^+ 可被脱色而被误认为是 G^-；如脱色时间过短，G^- 也会被认为是 G^+。脱色时间的长短还受涂片厚薄、脱色时玻片晃动的快慢及乙醇用量多少等因素的影响，难以严格规定。一般可用已知 G^+ 和 G^- 做练习，以掌握脱色时间。当要确证一个未知菌的革兰氏反应时，应同时做一张已知 G^+ 和 G^- 的混合涂片，以做对照。

②染色过程中勿使染色液干涸。用水冲洗后，应吸去玻片上的残水，以免染色液被稀释而影响染色效果。

③选用培养 16～24 h 菌龄的细菌为宜。若菌龄太老，菌体死亡或自溶常使革兰氏阳性菌转呈阴性反应。

4. 思考题

(1)哪些环节会影响革兰氏染色结果的正确性，其中最关键的环节是什么？

(2)当对一株未知菌进行革兰氏染色时,怎样确定染色技术操作正确?

实训项目四十六
酵母菌形态观察与血细胞计数板的使用

1. 课前预习

(1)酵母菌的形态特征及死活细胞的鉴别方法。

(2)血细胞计数板的基本构造。

2. 技能要求

(1)了解酵母细胞形态构造。

(2)掌握识别酵母死活细胞的染色方法。

(3)明确血细胞计数板计数的原理,掌握使用血细胞计数板进行微生物计数的方法。

3. 术语与定义

酵母菌细胞直径 2 ~ 6 μm,长度 5 ~ 30 μm,有的则更长;个体形态有圆形、卵圆形、椭圆形、柱状和香肠状等。大多数酵母菌的菌落特征与细菌相似,但比细菌菌落大而厚,菌落表面光滑、湿润、黏稠,容易挑起,菌落质地均匀,正反面和边缘、中央部位的颜色都很均一,菌落多为乳白色,少数为红色,个别为黑色。

血细胞计数板是一种生物学工具,常用于计算一些细菌、真菌等微生物的数量。血细胞计数板用优质厚玻璃制成,每块计数板由 H 形凹槽分为 2 个同样的计数池。计数池两侧各有一支持柱,将特制的专用盖玻片覆盖其上,形成高 0.1 mm 的计数池。计数池画有长、宽各 3.0 mm 的方格,分为 9 个大方格,每个大方格面积为 $1.0\ mm \times 1.0\ mm = 1.0\ mm^2$,容积为 $1.0\ mm^2 \times 0.1\ mm = 0.1\ mm^3$。其中,中央大方格分为25 × 16 型和 16 × 25 型,25 × 16 型用双线分成 25 个中方格,计数时记录位于正中及四角 5 个中方格的细胞数,每个中方格用单线划分为 16 个小方格。而 16 × 25 型用双线分成 16 个中方格,计数时记录位于中间任一格及四角 5 个中方格的细胞数,每个中方格用单线划分为 25 个小方格。

酵母菌形态观察与死活细胞鉴别

1. 技术原理

酵母菌是单细胞真菌,细胞呈圆形、卵圆形,有的呈柱状,甚至有分枝的假菌丝。酵母的死活细胞鉴别是利用亚甲基蓝(弱的氧化剂)还原后变为无色的特性。如为活的酵母细胞,由于新陈代谢不断进行,能将亚甲基蓝还原,但须严格控制染色时间。

2. 仪器和材料

仪器:显微镜等。

材料:载玻片、盖玻片、擦镜纸、接种环、显微镜、酒精灯、亚甲基蓝染色液(0.1%、0.05%)、菌株(酵母菌液)。

3. 实训步骤

(1)形态观察

取培养好的酵母菌一管,用接种环取一环菌置于载玻片中央,加无菌水少许和匀,取盖玻片一块,小心地将盖玻片一端与菌液接触,然后缓慢地将盖玻片放下,这样可避免产生气泡。先用低倍镜观察,再用高倍镜观察,观察酵母细胞形状、构造、内含物及有否出芽。或将酵母菌溶于无菌水中,涂膜均匀,盖上盖玻片观察,注意水不宜太多、菌液浓度不易太浓,否则影响观察。

(2)酵母的死活细胞染色鉴别

①染色

在干净的载玻片中央加一小滴0.1%亚甲基蓝染色液,然后按无菌操作用接种环挑取少量酵母菌苔放在染色液中,混合均匀。混匀后从侧面盖上盖玻片,并吸去多余的水分和染色液(注意染色液和菌液不宜过多或过少,应基本等量,而且要混匀)。

②镜检

将制好的染色片置于显微镜的载物台上,放置约3 min后进行镜检,先用低倍镜后用高倍镜进行观察,根据细胞颜色区分死细胞(蓝色)和活细胞(无色),并进行记录。

③比较

染色约30 min后再次进行观察,注意死细胞数量是否增加。

用0.05%亚甲基蓝染色液重复上述操作。

(3)注意事项

①取菌应适量,涂片要均匀,盖上盖玻片后不能有气泡。

②固定干后才能水洗或染色，水洗不应直接对着菌面冲洗。

③染色时间要严格控制，否则效果差。

4. 思考题

(1)将所观察到的酵母菌绘图。

(2)写出用亚甲基蓝染色液对酵母菌做鉴别染色的结果。

(3)用亚甲基蓝染色法对酵母进行死活细胞鉴别时为什么要控制染色液的浓度和染色时间?

血细胞计数法检测酵母菌的数量

1. 技术原理

微生物个体生长时间较短，很快进入分裂繁殖阶段，个体生长难以测定。通常以群体生长作为微生物生长的指标。群体生长表现为细胞数目的增加或细胞物质的增加。测定数目的方法有显微镜直接计数法、平板计数法、光电比浊法等。

显微镜直接计数法是将小量待测样品的悬浮液置于一种特别的具有确定面积和容积的载玻片上，于显微镜下直接计数。该法简便、快速、直观，但无论是死活细胞，都计数在内。

酵母菌一般为出芽繁殖，在计数同时可统计其发芽率。当酵母细胞的芽体超过细胞本身的50%时，即认为是新细胞。

2. 仪器和材料

仪器：显微镜、血细胞计数板等。

材料：菌种(酵母菌液)、盖玻片、毛细管等。

3. 实训步骤

(1)酵母细胞数的测定

①取清洁无油的血细胞计数板，在计数室上面加盖玻片。

②取酵母菌液，摇匀，用毛细管由盖玻片边缘滴一小滴，使菌液自行渗入，计数室内不得有气泡。

③静止5 min后，用低倍镜观察并将计数室移至视野中央。

④在高倍镜下计数：应取上、下及中央五个中格的平均值，然后求得每个中格的平均值，乘上16(或25)就得出一大格中的总菌数，最后再换算到每毫升菌液中的含菌数。

16×25 型：细胞数=(5 个中格的细胞数之和/5)$\times 16\times 10^4\times$稀释倍数

25×16 型：细胞数=(5 个中格的细胞数之和/5)$\times 25\times 10^4\times$稀释倍数

⑤计数完毕后，血细胞计数板要立即清洗干净，并用吸水纸吸干，最后用擦镜纸擦干净，并放回盒内。

(2)酵母菌发芽率测定

①步骤方法同上。

②观察计数时如遇芽体大小超过细胞本身 50% 时，不做芽体计数而做酵母细胞计数。

③计算。

$$发芽率=芽体/总酵母细胞数\times 100\% \quad (46-1)$$

(3)注意事项

①取样时要摇匀菌液，加样时避免计数室有气泡产生。

②显微镜光线的强弱要适当。

③压在方格线上的菌体，以压在底线和右侧线(或上线和左侧线)上的菌体计入本格内；遇到有芽体的酵母时，若芽体和母体同等大，就按单个酵母计数。

4. 思考题

(1)利用显微镜直接测定微生物数量的优缺点是什么？

(2)根据实训体会，说明用血细胞计数板计数的误差主要来自哪些方面？应如何减少误差，力求准确？

(3)某单位要求知道一种干酵母粉的活菌存活率，请设计 1~2 种可行的检测方法。

(4)利用血细胞计数板计数时，注入菌液为什么不能过多？

实训项目四十七
培养基的制备及灭菌方法

1. 课前预习

(1)微生物对营养元素的需求及培养基的分类及作用。

(2)微生物灭活的基本机理及几种微生物灭菌方式的适用性。

2. 技能要求

(1)掌握几种典型培养基的制备方法，其中包括培养基的配制、包扎及灭菌技术。

(2)掌握蒸汽灭菌的基本方法,学会使用干热灭菌方法。

(3)熟悉多种微生物灭菌的基本方法。

3. 术语与定义

培养基是根据微生物生长繁殖所需要的各种营养物质,用人工方法配制而成的营养基质,包含碳源、氮源、无机盐、生长因子以及水分等。微生物在最适酸碱范围内的培养基上才能表现出最大生命力,因此培养不同种类的微生物时,其培养基应调到适宜的 pH 范围内。

消毒与灭菌的方法很多,但总的可分为物理法与化学法两大类。物理法包括加热灭菌(干热灭菌与湿热灭菌)、过滤灭菌、紫外线灭菌等。化学法主要是利用有机或无机的化学药品对实验室用具和其他物体表面进行灭菌与消毒。食品的灭菌方式主要有以下几种方式:

(1)超高压灭菌技术

食品超高压灭菌(高静水压灭菌)就是将食品物料以某种方式包装好后,放入液体介质(通常是食用油、甘油、油与水的乳液)中,100 ~ 1 000 MPa 压力下作用一定时间后,达到灭菌的目的。其灭菌的基本原理就是压力对微生物的致死作用,主要通过破坏细胞膜抑制酶的活性和影响 DNA 等遗传物质的复制来实现。在 400 ~ 600 MPa 的压力下,可以杀灭细菌、酵母菌、霉菌。

(2)低温灭菌

通常使用 100 ℃以下的温度。低温杀菌后食品中的微生物残存较多,为了延长产品的货架期,再使用冷藏、发酵、加入添加剂、脱氧等加工技术。该法主要适用于 pH 值 4.5 以下的酸性食品及采用较强加热处理会明显导致品质降低的食品。

(3)巴氏灭菌法

巴氏灭菌是最早的灭菌方法,利用热水作为传热介质。灭菌条件为 61 ~ 63 ℃、30 min,或 72 ~ 75 ℃、10 ~ 15 min。加热时应注意物料表面温度较内部温度低 4 ~ 5 ℃;此外,当表面产生气泡时,泡沫部分难以达到杀菌要求。这种灭菌方法,由于所需时间长,生产过程不连续,长时间受热容易使某些热敏成分变化,因此灭菌也不够理想。

(4)超高温瞬间灭菌

超高温瞬间灭菌简称 UHT 灭菌。一般加热温度为 125 ~ 150 ℃,加热时间 2 ~ 8 s,加热后产品达到商业无菌要求。这种灭菌方法,能在瞬间达到灭菌目的,灭菌效果特别好,几乎可以达到或接近灭菌要求,而且引起的化学变化也很小。

(5)微波灭菌

微波灭菌主要是在微波热效应和非热效应的作用下,使微生物体内的蛋白质和生理活性物质发生变异和破坏,从而导致细胞的死亡。

(6)紫外线灭菌

紫外线的灭菌作用在于促使细胞质的变性。当微生物细胞吸入紫外线后,产生光化学作用引起细胞内成分特别是核酸、原浆蛋白等发生化学变化,使细胞质变性,尤其是抑制 DNA 的复制和细胞分裂,使微生物细胞受伤甚至死亡。波长为 250 ~ 260 nm 的紫外线灭菌效果最强。

(7)臭氧灭菌

臭氧是一种在室温和冷冻温度下存在的淡紫色、有特殊鱼腥味的气体,它在水中部分溶解,且随着温度的降低而溶解度增加;在常温下能自行降解产生大量的自由基,最显著的是氢氧根自由基,因而具有强氧化性的特点。

培养基的制备及灭菌方法

1. 技术原理

培养基种类较多,不同的微生物所需培养基不同,按其组成可分为合成培养基和天然培养基,按其物理状态可分为固体培养基、液体培养基和半固体培养基,按其特殊用途可分为加富培养基、选择培养基、鉴别培养基。培养基配制后还必须进行灭菌。灭菌和消毒含义不同,消毒是指消灭病原菌或有害微生物,而灭菌则是杀死或消灭一定环境中的所有微生物。

2. 仪器和材料

仪器:高压灭菌锅、干热灭菌箱、电炉等。

材料:琼脂、氢氧化钠溶液(1 mol/L)、盐酸溶液(1 mol/L)、牛肉膏蛋白胨培养基、高氏Ⅰ号培养基、虎红培养基(孟加拉红培养基)、纱布、棉花、报纸(牛皮纸)、棉绳、标签、培养皿等。

3. 实训步骤

(1)培养基的配制

①称量:根据培养基配方分别称取各成分。

②溶化:用烧杯先加少量水,依次将药品倒入,再补足所需水分,然后置电炉上加热,不断搅拌,直至完全溶化后,放入称好的琼脂,在琼脂溶化过程中也应不断搅拌,以免溢出或烧糊。

③调 pH:调 pH 值,用 pH 试纸测定。

④过滤:有的培养基需过滤,过滤应趁热用两层纱布过滤。

⑤分装:过滤后根据不同的需要,立即趁热分装入试管或锥形瓶等容器中,分装时

应注意不要使培养基沾污容器口，万一沾上，应用干净的纱布擦干净。培养基一般分装量为管长的1/5，灭菌后制成斜面，分装锥形瓶以不超过锥形瓶一半为宜。

⑥做棉塞：装好培养基的试管或锥形瓶应塞上棉塞，这样既可过滤空气，避免杂菌侵入，又可减缓培养基水分的蒸发。棉塞一般用未脱脂棉花，制时松紧应适宜。棉塞长为3 cm左右，头部做成球形，塞入试管或锥形瓶部分为棉塞的2/3。

(2)培养基灭菌

实验室里用得最多的灭菌方法是高压蒸汽灭菌和干热灭菌，目的都是使细菌体内蛋白质凝固变性。一般培养基和水等用高压蒸汽灭菌，玻璃器皿常用干热灭菌。蒸汽灭菌为105～121 ℃、15～20 min，干热灭菌为160～170 ℃、1～2 h。

在同一温度下，湿热灭菌效力比干热灭菌大，因为在湿热情况下，菌体吸收水分，蛋白质易凝固，同时湿热穿透力强，而且当蒸汽与被灭菌物体接触凝成水分时，又可放出热量，使温度迅速增高，从而增加灭菌效力。

本项目主要介绍高压蒸汽灭菌法。

(3)包扎

①培养皿：以旧报纸或牛皮纸密密包紧，一般以6套做一包，待灭菌。

②吸管：在距其粗头顶端约0.5 cm处，塞一小段1.5 cm长的棉花，棉花要塞得松紧恰当（过紧，吹吸液体太费劲；过松，吹气时棉花会下滑），然后分别将每支吸管尖端斜放在旧报纸条的近左端，与报纸约呈60°，并将右端多余的报纸打一小结。

③三角玻璃棒：跟包扎吸管相似，将三角部分斜放在报纸条的近左端，与报纸约呈45°，并将右端多余的报纸打一小结。

(4)高压蒸汽灭菌

①加入足够量的水于高压灭菌锅中（至水位线）。

②摆入上述包装好的待灭菌物，但不能摆得太挤，以免影响蒸汽通过和灭菌效果。

③加盖旋紧螺旋，使高压灭菌锅密闭不漏气（若为手提式应对角螺旋均匀旋紧）。

④打开排气阀，通入热源，自开始产生蒸汽至蒸汽猛烈喷出而无空气时关紧放气阀。

⑤继续加热，至压力计读数达0.1 MPa（121 ℃）后保持30 min。

⑥杀菌结束后停止加热，待压力下降至常压后，慢慢打开排汽口，然后打开锅盖，取出灭菌物。

注意在压力未降至0 MPa时，切勿打开锅盖，否则会造成突然降压，导致玻璃器皿破损或培养基沸腾沾湿棉塞冲出管外。

⑦取出灭菌物后，应在琼脂未凝固之时将试管摆成斜面。将试管培养基冷至50 ℃左右，将试管棉塞搁在玻璃棒（或木棍）上，搁成斜面，搁置的斜面长度以不超过试管总长度的一半为宜。

该法灭菌彻底的一个关键是在压力上升之前必须将高压灭菌锅内的冷空气完全

驱尽，否则压力表指针所指的压力不能代表高压灭菌锅中的真正温度。

表 47－1 高压灭菌锅压力计读数与温度的关系

压力计读数/MPa	温度/℃		
	水蒸气（空气完全排除）	混入 50% 空气（排除 1/2 空气）	只有空气时（未排除）
0.04	109	94	72
0.07	115.5	105	90
0.103	121.5	112	100
0.138	126.5	118	109
0.172	131.5	124	115.9
0.208	134.6	128	121

(5)干热灭菌

干燥玻璃器皿的灭菌也可采用干热灭菌，具体过程如下：

①灭菌物在箱内不宜堆放太满，堆置时要留有空隙，勿接触四壁，关闭箱门。

②接通电源，把箱顶的通气口适当打开，使箱内湿空气能逸出。

③调节温控旋钮，达到所需温度为止，一般保持 160～170 ℃、1.5～2 h，不得超过 180 ℃，否则包装纸或棉花会烧焦甚至自燃。若发现温度超出 180 ℃应立即切断电源，不得打开箱门，否则纸张遇氧气后会燃烧，待温度降至 160 ℃后再打开电源，并调节温控旋钮。

④灭菌后应切断电源，冷却至 60 ℃时，方能把箱门打开，取出灭菌物。

(6)无菌水的制备

用 10 mL 量筒量取 9 mL 蒸馏水或生理盐水装入试管中，用 100 mL 量筒量取 90 mL的蒸馏水或生理盐水装入 250 mL 锥形瓶中，塞上棉塞后用牛皮纸包扎好，高压灭菌备用。

(7)注意事项

①称量时动作要迅速。称试剂时应一把药匙用于一种试剂，或称取一种试剂后洗净，擦干，再取另一种试剂，严防试剂混杂以及瓶盖盖错。

②溶化琼脂的过程中，需不断搅拌，以防琼脂糊底烧焦。

③避免培养基因沸腾而溢出烧杯，带上棉纱手套防止烫伤。

④分装过程中，不要使培养基沾在容器口上，以免沾污棉塞而引起污染。

4. 思考题

(1)培养基配制后为什么必须立即灭菌？如何检查灭菌后的培养基是无菌的？

(2)在配制培养基的过程中应注意哪些问题？

(3)高压蒸汽灭菌前为什么要将灭菌锅内的冷空气排尽？灭菌完毕后什么情况

下才可以开锅盖取出灭菌物品？

实训项目四十八
微生物的纯化与扩大培养

1. 课前预习

(1)微生物纯化与扩大培养的必要性。

(2)微生物对培养基的适应性。

2. 技能要求

(1)掌握倒平板的方法和几种常用的分离纯化微生物的基本操作技术。

(2)熟练掌握微生物无菌操作技术。

(3)掌握微生物扩大培养的接种方法。

3. 术语与定义

微生物分离纯化技术主要有稀释法和选择培养法。稀释法是在液体中或在固体表面上高度稀释微生物群体,使单位体积或单位面积仅存留一个单细胞,并使此单细胞增殖为一个新的群体,常用平板划线法。如果所要分离的微生物在混杂的微生物群体中数量极少或者增殖过慢而难以稀释分离时,需要结合使用选择培养法,即选用仅适合于所要分离的微生物生长繁殖的特殊培养条件来培养混杂菌体,改变群体中各类微生物的比例,以达到分离的目的。

菌种的扩大培养是发酵生产的第一道工序,该工序又称为种子制备。种子制备不仅要使菌体数量增加,更重要的是,经过种子制备培养出具有高质量的生产种子供发酵生产使用。

土壤中微生物的分离纯化

1. 技术原理

从混杂的微生物群体中获得只含有某一种或某一株微生物的过程称为微生物的分离与纯化。常用的分离纯化方法有单细胞挑取法、稀释涂布平板法、稀释混合平板法、平板划线法等。稀释涂布平板法步骤:倒平板—制备稀释液—涂布—培养—挑菌落。平板划线法步骤:倒平板—标记培养基名称—划线。

2. 仪器和材料

仪器:高压灭菌锅、超净工作台、酒精灯等。

材料:牛肉膏蛋白胨培养基、高氏Ⅰ号培养基、虎红培养基、土壤等。

3. 实训步骤

(1)稀释涂布平板法

①倒平板

将牛肉膏蛋白胨培养基、高氏Ⅰ号培养基、虎红培养基加热熔化,待冷至55~60 ℃时,高氏Ⅰ号培养基中加入10%酚数滴,虎红培养基中加入链霉素溶液(终浓度为30 μg/mL),混合均匀后分别倒平板,每种培养基倒三个平板。

②制备土壤稀释液

称取土样10 g,放入盛90 mL无菌水并带有玻璃珠的锥形瓶中,振摇约20 min,使土样与水充分混合,将细胞分散。用一支1 mL无菌吸管从中吸取1 mL土壤悬液加入盛有9 mL无菌水的大试管中充分混匀,然后用无菌吸管从此试管中吸取1 mL,加入另一盛有9 mL无菌水的试管中,混合均匀,以此类推制成10^{-1}、10^{-2}、10^{-3}、10^{-4}、10^{-5}、10^{-6}不同稀释度的土壤溶液,注意:每一个稀释度换一支试管。

③涂布

将上述每种培养基的三个平板底面分别用记号笔写上10^{-4}、10^{-5}和10^{-6}三种稀释度,然后用无菌吸管分别由10^{-4}、10^{-5}和10^{-6}三管土壤稀释液中各吸取0.1 mL或0.2 mL,小心滴在对应平板培养基表面中央位置。右手拿无菌涂布棒平放在平板培养基表面上,将土壤稀释液先沿同心圆方向轻轻地向外扩展,使之分布均匀。室温下静置5~10 min,使土壤稀释液浸入培养基。

④培养

将高氏Ⅰ号培养基平板和虎红培养基平板倒置于28 ℃温室中培养3~5天,牛肉膏蛋白胨培养基平板倒置于37 ℃温室中培养2~3天。

⑤挑菌落

将培养后长出的单个菌落分别挑取少许细胞接种到上述三种培养基斜面上,分别置28 ℃和37 ℃温室培养。若发现有杂菌,需再一次进行分离、纯化,直到获得纯培养。

(2)平板划线法

①标记

按稀释涂布平板法倒平板,并用记号笔标明培养基名称、土样编号和实验日期。

②划线

在近火焰处,左手拿皿底,右手拿接种环,挑取上述 10^{-1}的土壤稀释液一环在平板上进行划线,使之形成单个菌落。常用的划线方法有连线划线和分区划线两种:连续划线是用接种环以无菌操作挑取土壤稀释液一环,于平板培养基的一边做连续“之”字划线,将聚集的菌种稀释分散到培养基的表面。分区划线是先在平板培养基的一边做第一次平行划线 3 ~4 条,再转动培养皿约 70°角,并将接种环上剩余物烧掉,待冷却后通过第一次划线末端做第二次平行划线,再用同样的方法通过第二次划线末端做第三次划线和通过第三次平行划线末端做第四次平行划线,划线完毕后,盖上培养皿盖,倒置于温室培养。

③挑菌落

同稀释涂布平板法,一直到分离的微生物被纯化为止。

(3)稀释平板法(混合法)

另取三只吸管,以无菌操作法吸取 10^{-2}、10^{-3}、10^{-4}的土壤稀释液 0.1 mL,加在无菌培养皿里。

取已熔化的在水浴锅中保温 50 ℃左右的高氏Ⅰ号培养基、虎红培养基及牛肉膏蛋白胨培养基,分别倒入 15 ~20 mL 于上述培养皿中,轻轻转动培养皿,使菌液、培养基充分混匀铺平,放在平坦的桌面上,凝固后,高氏Ⅰ号培养基平板和虎红培养基平板倒置于 28 ℃温室中培养 3 ~5 天,牛肉膏蛋白胨培养基平板倒置于 37 ℃温室中培养 2 ~3 天。观察菌落形态以及计数菌落。计算出每克土壤中各类微生物的数量。

(4)注意事项

①整个实验过程无菌操作。

②稀释平板法要注意培养基不能过烫或过冷。

4. 思考题

(1)如何确定平板上某单个菌落是否为纯培养?

(2)稀释涂布平板法和平板划线法是否较好地得到了单菌落? 如果不是,请分析其原因?

(3)在恒温培养箱中培养微生物时为何平板需倒置?

微生物的接种与扩大培养

1. 技术原理

微生物接种技术是进行微生物相关研究的基本操作技能,无菌操作是关键技术。接种是将微生物或微生物悬液引入新鲜培养基的过程。根据实验目的、培养基种类及实验器皿等不同,所采用的接种方法也不同。常用的方法有斜面接种、液体接种、固体接种和穿刺接种等,这些方法均以获得生长良好的纯种微生物为目的。

2. 仪器和材料

仪器:高压灭菌锅、超净工作台、恒温培养箱、酒精灯等。

材料:大肠杆菌、枯草杆菌、金黄色葡萄球菌、沙门氏菌、假单孢菌、液体培养基、固体培养基平板、固体培养基试管斜面等。

3. 实训步骤

(1)试管菌种转接

试管菌种转接主要用于菌种的活化、分离、纯化。

①将菌种试管与待接种的试管培养基依次排列,管口并齐,斜面向上成水平状态,夹于左手的拇指与其他四指之间,用右手的无名指与小指和手掌边拔出棉塞。

②置试管口于酒精灯火焰附近。

③将接种工具垂直插入酒精灯火焰中烧红,再横过火焰 3 次,然后放入有菌试管中,在管壁上停留片刻待其冷却。

④取少许菌种按一定的接种方式把菌种接种到另一支试管中新的培养基上。

⑤取出接种工具,试管口和棉塞进行火焰灭菌后塞上棉塞。

⑥烧死接种工具上的残余菌,把试管和接种工具放回原处。

⑦在斜面管口写明菌种名称、日期,置 37 ℃恒温培养 18 ~24 h,进行观察。

(2)试管菌种接种到平板

试管菌种转接到平板上,主要用于菌种的分离、纯化。

①左手持试管菌种,右手松动试管棉塞,灼烧接种工具。

②右手无名指、小指与手掌取下棉塞,用接种工具取菌。

③将菌种接种到平板上,采用平板划线(分区划线或连续划线),然后立即盖上平板。

④在酒精灯火焰上灼烧接种工具。

⑤棉塞过火,重新塞入试管。

⑥在平板底写明菌种名称、日期,倒置于 37 ℃恒温培养 18 ~24 h,进行观察。

(3)液体培养基接种

液体培养基接种主要用于微生物的增菌培养。

①用灭菌的接种环挑取菌种,迅速移到肉汤培养基管,涂于接近液面的倾斜的管壁上,并轻轻研磨,再直立试管,菌种即溶于肉汤中。

②灼烧接种环,放回原处。两试管口经火焰灭菌后塞上棉塞。

③在斜面管口写明菌种名称、日期,直立于 37 ℃恒温培养 24 h,进行观察。

(4)半固体培养基接种

半固体培养基接种主要用于检查细菌的运动性。

①按试管菌种转接法握持菌种管和半固体培养基管，靠近火焰。

②将接种针在火焰上烧灼灭菌，冷却后从菌种管中挑取少许大肠杆菌菌苔，迅速移至肉汤琼脂半固体培养基管中。

③将接种针从培养基中央垂直刺至管3/4处，然后原路退出。

④试管口经火焰灭菌后，塞上棉塞。灼烧接种针。用同样方法接种一管金黄色葡萄球菌做对照。

⑤在半固体培养基管上写明菌种名称、日期，于37 ℃恒温培养24 h，观察记录。

(5)注意事项

①整个实验过程无菌操作。

②半固体培养基接种过程中，接种针不能在培养基中左右移动。

4. 思考题

如果继续扩大培养，应该如何操作？

实训项目四十九 样品中细菌菌落总数及大肠菌群的检验

1. 课前预习

(1)样品体系中微生物的分布形式。

(2)大肠菌群的生长特性。

2. 技能要求

(1)掌握细菌菌落总数的测定原理和测定意义。

(2)掌握用稀释平板计数法测定水中细菌总数的方法。

(3)掌握大肠菌群的检验方法。

3. 术语与定义

食品微生物指标是指某个或某批食品中是否存在微生物，属于定性分析，或指单位质量、体积、面积或每批产品中存在的微生物数目及其毒素(或代谢产物)，属于定量分析。食品微生物指标是用以评价食品的微生物学卫生状况及其安全性的。

在我国食品卫生标准中，微生物指标通常包括菌落总数、大肠菌群、致病菌等的检测，其中菌落总数和大肠菌群是必检项目，致病菌不得检出。

食品中的菌落总数是指食品检样经过处理后，经过一定条件的培养，所得1 mL或1 g检样中所含菌落的总数，该指标主要作为食品被污染程度的标志，常用稀释平板计数法。大肠菌群是指一群在37 ℃、24 h能发酵乳糖产酸、产气，需氧或兼性厌氧的革兰氏阴性无芽孢杆菌，它反映了食品是否被粪便污染，同时也间接地指出食品是否有被肠道致病菌污染的可能性，常用的检测方法是最大可能数法（又称最大或然数法、最大概率法）。

细菌菌落总数的测定

1. 技术原理

细菌菌落总数是指1 mL或1 g检样中所含细菌菌落的总数，常用的方法是稀释平板计数法，由于计算的是平板上形成的CFU数，故其单位应是CFU/mL(g)。它反映的是检样中活菌的数量。

2. 仪器和材料

仪器：高压灭菌锅、超净工作台、恒温培养箱、酸度计、显微镜、血细胞计数板等。

材料：食品样品或水、牛肉膏蛋白胨培养基（将牛肉膏3 g、蛋白胨10 g、氯化钠5 g、琼脂15～25 g、蒸馏水1 000 mL充分混合，调节pH=7.4～7.6，121 ℃高压灭菌30 min）、琼脂培养基（胰蛋白胨5 g、酵母浸膏2.5 g、葡萄糖1 g、琼脂15 g、蒸馏水1 000 mL，煮沸溶解，调节pH=7.0±0.2，121 ℃高压灭菌15 min）、无菌生理盐水、氢氧化钠（1 mol/L）、盐酸（1 mol/L）。

3. 实训步骤

（1）样品的处理

①固体和半固体样品

称取25 g样品置盛有225 mL磷酸盐缓冲液或生理盐水的无菌均质杯内，8 000～10 000 r/min均质1～2 min，或放入盛有225 mL稀释液的无菌均质袋中，用拍击式均质器拍打1～2 min，制成1∶10的样品匀液。

②液体样品

以无菌吸管吸取25 mL样品置盛有225 mL磷酸盐缓冲液或生理盐水的无菌锥形瓶（瓶内预置适当数量的无菌玻璃珠）中，充分混匀，制成1∶10的样品匀液。

③水样

A. 自来水。

先将自来水龙头用酒精灯火焰灼烧灭菌，再开放水龙头使水流 5 min，以灭菌锥形瓶接取水样以备分析。

B. 池水、河水、湖水等地面水源水。

在距岸边 5 m 处，取距水面 10 ~ 15 cm 的深层水样，先将灭菌的具塞锥形瓶，瓶口向下浸入水中，然后翻转过来，除去玻璃塞，水即流入瓶中，盛满后，将瓶塞盖好，再从水中取出。若不能在 2 h 内检测，则需放入冰箱中保存。

C. 选择 2 ~ 3 个适宜稀释度（饮用水如自来水、深井水等，一般选择 1、10^{-1} 两种稀释度；水源水如河水等，比较清洁的可选择 10^{-1}、10^{-2}、10^{-3} 3 种稀释度；污染水一般选择 10^{-2}、10^{-3}、10^{-4} 3 种稀释度）。吸取 1 mL 稀释液于无菌平板内，每个稀释度做 3 个重复。

（2）检测

①基本流程图，如图 49 - 1 所示。

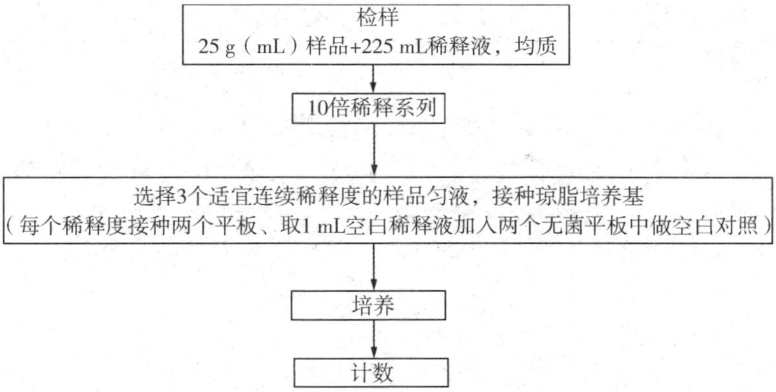

图 49 - 1　菌落总数检测流程图

②培养

待琼脂凝固后，将平板翻转，36 ± 1 ℃培养 48 ± 2 h。水产品 30 ± 1 ℃培养 72 ± 3 h。

③菌落计数

可用肉眼观察，必要时用放大镜或菌落计数器，记录稀释倍数和相应的菌落数量。菌落计数以 CFU 表示。

选取菌落数在 30 ~ 300 CFU 之间、无蔓延菌落生长的平板，计数菌落总数。低于 30 CFU 的平板记录具体菌落数，大于 300 CFU 的可记录为多不可计。每个稀释度的菌落数应采用两个平板的平均数。

其中一个平板有较大片状菌落生长时，不宜采用，而应以无片状菌落生长的平板记录该稀释度的菌落数；若片状菌落不到平板的一半，而其余一半中菌落分布又很均匀，即可计算半个平板菌落数后乘以 2，代表一个平板菌落数。

当平板上出现菌落间无明显界线的链状生长时，则将每条单链作为一个菌落计数。

(3)结果与报告

①稀释度的选择及细菌数报告

如表49－1示例。

表49－1　稀释度的选择及细菌数报告示例

	稀释度及菌落数			两稀释	菌落总数/	报告方式(菌落总数)/
	10^{-1}	10^{-2}	10^{-3}	度之比	(CFU·g^{-1}或CFU·mL^{-1})	(CFU·mL^{-1}或CFU·g^{-1})
1	多不可计	164	20	—	16 400	16 000或1.6×10^4
2	多不可计	295	46	1.6	37 750	38 000或3.8×10^4
3	多不可计	271	60	2.2	27 100	27 000或2.7×10^4
4	多不可计	多不可计	313	—	313 000	310 000或3.1×10^5
5	27	11	5	—	270	270
6	0	0	0	—	<10	<10
7	多不可计	305	12	—	30 500	31 000或3.1×10^4

②计算方法

若只有一个稀释度的平板菌落数在适宜计数范围内，计算两个平板菌落数的平均值，再将平均值乘以相应稀释倍数，作为每克(毫升)样品中菌落总数结果。若有两个连续稀释度的平板菌落数在适宜计数范围内，计算方法如式(49－1)所示。

$$\text{CFU}=\frac{\sum C}{(n_1+0.1n_2)d} \tag{49-1}$$

式中：CFU——样品中菌落数；C——平板(含适宜范围菌落数的平板)菌落数之和；d——稀释因子(第一稀释度)；n_1——第一稀释度(低稀释倍数)平板个数；n_2——第二稀释度(高稀释倍数)平板个数。

若所有稀释度的平板上菌落数均大于300 CFU，则对稀释度最高的平板进行计数，其他平板可记录为多不可计，结果按平均菌落数乘以最高稀释倍数计算。

若所有稀释度的平板菌落数均小于30 CFU，则按稀释度最低平均菌落数乘稀释倍数计算。

若所有稀释度(包括液体样品原液)的平板均无菌落生长，则以小于1乘以最低稀释倍数计算。

若所有稀释度的平板菌落数均不在30～300 CFU之间，其中一部分小于30 CFU或大于300 CFU时，则以最接近30 CFU或300 CFU的平均菌落数乘以稀释倍数计算。

③报告表述

菌落数小于100 CFU时，按“四舍五入”原则修约，以整数报告。

菌落数大于或等于 100 CFU 时，第三位数字采用“四舍五入”原则修约后，取前两位数字，后面用 0 代替位数；也可用 10 的指数形式来表示，按“四舍五入”原则修约后，采用两位有效数字。

若所有平板上为蔓延菌落而无法计数，则报告菌落蔓延。

若空白对照上有菌落生长，则此次检测结果无效。

称重取样以 CFU/g 为单位报告，体积取样以 CFU/mL 为单位报告。

④示例

检测结果示例见表 49－2。

表 49－2　检测结果示例

稀释度	10^{-2}（第一稀释度）	10^{-3}（第二稀释度）
菌落总数/CFU	232，244	33，35

代入式（49－1）得：

$$N=\frac{232+244+33+35}{[2+(0.1\times 2)]\times 10^{-2}}=\frac{544}{0.022}=24\ 727$$

上述数据数字修约后，表示为 25 000 或 2.5×10^{4}。

（4）注意事项

①检验中所需的玻璃仪器必须是完全无菌。

②检样的稀释液可用灭菌生理盐水或蒸馏水稀释；每递增稀释一次，必须另换一支 1 mL 灭菌移液管，使所得检验的稀释倍数准确。

4. 思考题

①要使稀释平板计数法准确，需要掌握哪几个关键？为什么？

②试比较稀释平板计数法和显微镜直接计数法的优缺点及应用。

③分析平板上长出的菌落不是均匀分散的而是集中在一起的原因。

大肠菌群的检测

1. 技术原理

大肠菌群主要由肠杆菌科中的埃希氏菌属、柠檬酸杆菌属、产气克雷伯氏菌属和阴沟肠杆菌属四个属内的细菌组成。

水的大肠菌群数是指 100 mL 水样内含有的大肠菌群实际数值，以大肠菌群最大可能数 MPN 表示。在正常情况下，肠道中主要有大肠菌群、粪链球菌和厌氧芽孢杆菌等多种细菌，这些细菌都可随人畜排泄物进入水源，由于大肠菌群在肠道内数量最多，所以，水源中大肠菌群的数量是直接反映水源被人畜排泄物污染的一项重要指标。目前,国际上公认大肠菌群的存在是粪便污染的指标。因而对饮用水必须进行大肠菌群检查。

水中大肠菌群的检验方法,常用多管发酵法和滤膜法。多管发酵法可应用于各种水样的检验,但操作烦琐,需要时间长。滤膜法仅适用于自来水和深井水,操作简单、快速,但不适用于杂质较多、易于阻塞滤孔的水样。

食品中大肠菌群数是以每 100 mL(g)检样内 MPN 来表示,据此含义,所有食品卫生标准中所规定的大肠菌群数均应为 100 mL(g)食品内允许含有大肠菌群的实际数值。我国城市水饮用卫生标准是每 1 000 mL 水中的大肠杆菌数不得超过 3 个。

2. 仪器和材料

仪器:高压灭菌锅、超净工作台、恒温培养箱等。

材料:食品(水)、乳糖胆盐培养基、伊红美蓝培养基(EMB)、煌绿乳糖胆盐肉汤(BGLB)、月桂基硫酸盐胰蛋白胨肉汤(LST)、结晶紫中性红胆盐琼脂(VRBA)等。

3. 实训步骤

(1)大肠菌群计数法

①乳糖胆盐-伊红美蓝检测法

A. 取样

用火焰灼烧自来水龙头 3 min,然后打开水龙头放水 5 min,再用无菌的锥形瓶接取 1 000 mL,待用。

若检测水源水污染程度,按如下方式取样:严重污染水,1 mL、0.1 mL、0.01 mL、0.001 mL 各 1 份;中度污染水,10 mL、1 mL、0.1 mL、0.01 mL 各 1 份;轻度污染水,100 mL、10 mL、1 mL、0.1 mL 各 1 份。

B. 检测程序

a. 初步发酵实验

取 10 mL 水样接种到 10 mL 双料乳糖胆盐培养基的试管(内有倒置杜氏小管)中,取 1 mL 水样接种到 10 mL 单料乳糖胆盐培养基中,另取在 1 mL 水样注入 9 mL 灭菌生理盐水中,混匀后吸取 1 mL 注入 10 mL 单料乳糖胆盐培养基的发酵试管(内有倒置杜氏小管)中,每一稀释度接种 3 管,摇匀后,37 ℃培养 24 h,24 h 未产气的继续培养至 48 h。

b. 平板分离

经 24 h 或 48 h 培养后,将产酸产气的发酵管,分别划线接种于 EMB 平板上,37 ℃ 培养 18~24 h。大肠菌群在 EMB 平板上,菌落呈紫黑色,具有或略带有或不带有金属光泽,或者呈淡紫红色,仅中心颜色较深。挑取符合上述特征的菌落进行涂片,革兰氏染色,镜检。

c. 复发酵实验

将革兰氏阴性无芽孢杆菌的菌落的剩余部分接于乳糖发酵管中，为防止遗漏，每管可接种来自同一初发酵管的平板上同类型菌落 1～3 个，37 ℃培养 24 h，如有产酸又产气者，即证实有大肠菌群存在。

d. 查 MPN 检索表

得出结果。

②煌绿乳糖胆盐－月桂基硫酸盐胰蛋白胨检测法

A. 检测程序

检测程序如下列流程。

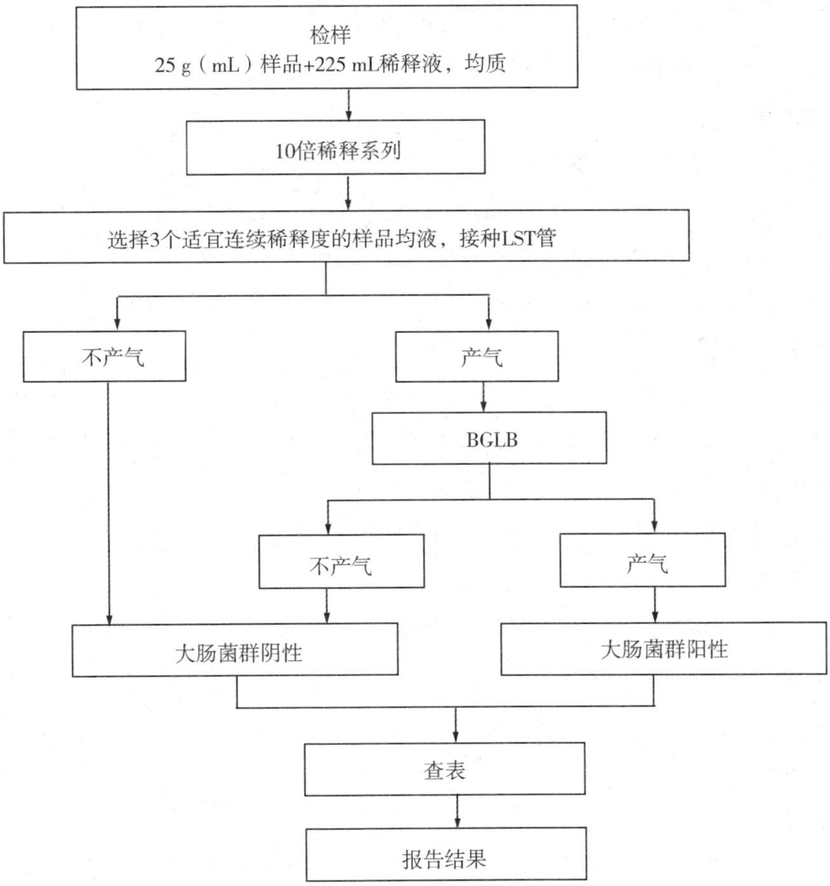

B. 操作步骤

a. 样品的稀释

固体和半固体样品：称取 25 g 样品，放入盛有 225 mL 磷酸盐缓冲液或生理盐水的无菌均质杯内，8 000～10 000 r/min 均质 1～2 min，或放入盛有 225 mL 磷酸盐缓冲液或生理盐水的无菌均质袋中，用拍击式均质器拍打 1～2 min，制成 1∶10 的样品匀液。

液体样品：以无菌吸管吸取 25 mL 样品置盛有 225 mL 磷酸盐缓冲液或生理盐水

的无菌锥形瓶（瓶内预置适当数量的无菌玻璃珠）中，充分混匀，制成1:10的样品匀液。

样品匀液pH值应在6.5~7.5之间，必要时分别用1 mol/L氢氧化钠或1 mol/L盐酸调节。

用1 mL无菌吸管或微量移液器吸取1:10样品匀液1 mL，沿管壁缓缓注入9 mL磷酸盐缓冲液或生理盐水的无菌试管中（注意吸管或吸头尖端不要触及稀释液面），振摇试管或换用1支1 mL无菌吸管反复吹打，使其混合均匀，制成1:100的样品匀液。

根据对样品污染状况的估计，按上述操作，依次制成10倍递增系列稀释度样品匀液。每递增稀释1次，换用1支1 mL无菌吸管或吸头。从制备样品匀液至样品接种完毕，全过程不得超过15 min。

b. 初发酵实验

每个样品，选择3个适宜的连续稀释度样品匀液（液体样品可以选择原液），每个稀释度接种3管LST，每管接种1 mL（接种量超过1 mL，则用双料LST），36 ±1 ℃培养24 ±2 h，观察杜氏小管内是否有气泡产生，24 ±2 h产气者进行复发酵实验，如未产气则继续培养至48 ±2 h，产气者进行复发酵实验。未产气者为大肠菌群阴性。

c. 复发酵实验

用接种环从产气的LST管中分别取培养物1环，移种于BGLB管中，36 ±1 ℃培养48 ±2 h，观察产气情况。产气者计为大肠菌群阳性。

d. MPN的报告

按c确证的大肠菌群（LST）阳性管数，检索MPN表，报告每克（或每毫升）样品中大肠菌群的MPN值。

（2）大肠菌群平板计数法

①检测步骤

A. 样品的稀释

按MPN计数法进行稀释。

B. 平板计数

选取2~3个适宜的连续稀释度，每个稀释度接种2个无菌平板，每平板1 mL。同时取1 mL生理盐水加入无菌平板做空白对照。及时将15~20 mL冷至46 ℃的VRBA倾注于每个平板中。小心旋转平板，将培养基与样液充分混匀，待琼脂凝固后，再加3~4 mL VRBA覆盖平板表层。翻转平板，置于36 ±1 ℃培养18~24 h。

C. 平板菌落数的选择

选取菌落数在15~150 CFU之间的平板，分别计数平板上出现的典型和可疑大肠菌群菌落。典型菌落为紫红色，菌落周围有红色的胆盐沉淀环，菌落直径为0.5 mm或更大。

D. 证实实验

从 VRBA 平板上挑取 10 个不同类型的典型和可疑菌落，分别移种于 BGLB 管内，36 ± 1 ℃培养 24 ~ 48 h，观察产气情况。凡 BGLB 管产气，即可报告为大肠菌群阳性。

E. 大肠菌群平板计数的报告

证实为大肠菌群阳性的试管比例乘以上述计数的平板菌落数，再乘以稀释倍数，即为每克（或每毫升）样品中大肠菌群数。例：10^{-4}样品稀释液 1 mL，在 VRBA 平板上有 100 个典型和可疑菌落，挑取其中 10 个接种于 BGLB 管，证实有 6 个阳性管，则该样品的大肠菌群数为：$100 \times 6/10 \times 10^4$/g(mL) = 6×10^5 CFU/g(mL)

②结果与报告

根据证实有大肠菌群存在的复发酵管的阳性管数，查表 49 - 3，报告每克（或每毫升）样品中的 MPN。

表 49 - 3　MPN 表

阳性管/g(mL)			MPN	阳性管/g(mL)			MPN
0.1	0.01	0.001		0.1	0.01	0.001	
0	0	0	<3.0	2	2	0	21
0	0	1	3.0	2	2	1	28
0	1	0	3.0	2	2	2	35
0	1	1	6.1	2	3	0	29
0	2	0	6.2	2	3	1	36
0	3	0	9.4	3	0	0	23
1	0	0	3.6	3	0	1	38
1	0	1	7.2	3	0	2	64
1	0	2	11	3	1	0	43
1	1	0	7.4	3	1	1	75
1	1	1	11	3	1	2	120
1	2	0	11	3	1	3	160
1	2	1	15	3	2	0	93
1	3	0	16	3	2	1	150
2	0	0	9.2	3	2	2	210
2	0	1	14	3	2	3	290
2	0	2	20	3	3	0	240
2	1	0	15	3	3	1	460
2	1	1	20	3	3	2	1 100
2	1	2	27	3	3	3	>1 100

注 1：本表采用 3 个稀释度[0.1 g(mL)、0.01 g(mL)和 0.001 g(mL)]，每个稀释度接种 3 管。注 2：表内所列检样量如改用 1 g (mL)、0.1 g(mL)和 0.01 g(mL)时，表内数字应相应降低 10 倍；如改用 0.01 g(mL)、0.001 g(mL)、0.000 1 g(mL)时，则表内数字应相应增大 10 倍，其余类推

③注意事项

整个实验过程无菌操作,避免引入外来菌。

4. 思考题

(1)EMB 含有哪几种主要成分,在检测大肠菌群时,各起什么作用?

(2)采用乳糖胆盐-伊红美蓝检测法检测大肠菌群时,如何判断乳糖发酵管内产酸产气?

实训项目五十
食品中霉菌的培养与鉴定

1. 课前预习

(1)霉菌的分类属性、侵染途径。

(2)食品检测霉菌的意义。

2. 技能要求

(1)掌握霉菌的检验方法。

(2)了解霉菌的鉴定方法。

3. 术语与定义

霉菌是形成分枝菌丝的真菌的统称。霉菌不是分类学的名词,在分类上属于真菌门的各个亚门。构成霉菌的基本单位称为菌丝,呈长管状,宽度 2~10 μm,可不断自前端生长并分枝。无隔或有隔,具一至多个细胞核。细胞壁分为三层:外层是无定形的 β-葡聚糖(87 nm);中层是糖蛋白,蛋白质网中间填充葡聚糖(49 nm);内层是几丁质微纤维,夹杂无定形蛋白质(20 nm)。在固体基质上生长时,部分菌丝深入基质吸收养料,称为基质菌丝或营养菌丝;向空中伸展的称气生菌丝,可进一步发育为繁殖菌丝,产生孢子。大量菌丝交织成绒毛状、絮状或网状等,称为菌丝体。菌丝体常呈白色、褐色、灰色,或呈鲜艳的颜色(菌落为白色毛状的是毛霉,绿色的为青霉,黄色的为黄曲霉),有的可产生色素使基质着色。霉菌繁殖迅速,常造成食品、用具大量霉腐变质,但许多有益种类已被广泛应用。

霉菌的培养与鉴定

1. 技术原理

霉菌由菌丝组成,许多菌丝交织在一起形成菌丝体。在固体培养基上长成绒毛状或棉絮状等。霉菌的繁殖方式多种多样,有无性和有性两种生殖方式。

霉菌的分类依据主要是孢子产生的方式及其特征,菌丝体和菌落形态特征也是鉴别的依据,常表现为形态较大、质地疏松、外观干燥、不透明、呈现或松或紧的形状。菌落和培养基间的连接紧密,不易挑取,菌落正面与反面的颜色、构造和边缘与中心的颜色、构造常不一致。霉菌的菌丝有营养菌丝和气生菌丝的分化,而气生菌丝没有毛细管水,故它们的菌落与细菌或酵母菌的不同,较接近放线菌。

2. 仪器和材料

仪器:超净工作台、恒温培养箱、酒精灯、显微镜等。

材料:谷物加工制品(如糕点、面包等)、乳及乳制品、蔬菜、水果、乳酸酚棉蓝液、马铃薯葡萄糖琼脂培养基(PDA)或察氏培养基、乙醇等。

3. 实训步骤

(1)样品的采集

用灭菌工具采集可疑食品 250 g 左右,装入灭菌的牛皮纸袋或其他灭菌器内。样品采集后应尽快进行分析,如必须存放一段时间,则应放在低温干燥处。

(2)分离培养

①块状食品霉菌的分离

以无菌操作称取 1 ~2 g 样品,用无菌小刀切取食品的各个部位,分别用无菌小镊子将食品碎块接种于 PDA 平板或察氏培养基上,或磨碎稀释接种,置 25 ~28 ℃培养1 周。

②粉状(液体)食品霉菌的分离

以无菌操作称取样品 5 g(或 5 mL),放入装有 50 mL 灭菌蒸馏水的锥形瓶中。经充分振荡 1 ~2 min,做成 1∶10 的稀释液,然后再按 1∶100、1∶1 000 进行 10 倍递增稀释,根据对标本污染情况的估计,选择 2 ~3 个适宜的稀释度,分别吸取 1 mL 稀释液于无菌平板中,及时将 20 ~25 mL 冷却至 46 ℃的 PDA 或察氏培养基倾注平板,转动平板使其混合均匀,每个稀释度做两个平板,置水平台面待培养基完全凝固,正置平板于 28 ±1 ℃培养。

(3)霉菌计数

①块状食品培养的计数

如按定量磨碎稀释接种的样品,首先必须进行菌落计数,记录每克样品中霉菌污染的数目,然后制片镜检初步进行分离,分群并挑取可疑菌落,如非定量接种则单纯挑取可疑霉菌菌落即可。

②粉状(液体)食品培养的计数

A. 计算同一稀释度的两个平板菌落数的平均值,再将平均值乘以相应稀释倍数。

B. 若有两个稀释度平板上菌落数均在 10～150 CFU 之间,按照实训项目四十九细菌菌落总数的计算规则进行计算。

C. 若所有平板上菌落数均大于 150 CFU,则对稀释度最高的平板进行计数,其他平板计为多不可计,结果按平均菌落数乘以最高稀释倍数计算。

D. 若所有平板上菌落数均小于 10 CFU,则应按稀释度最低的平均菌落数乘以稀释倍数计算。

E. 若所有稀释度(包括液体样品原样)平板均无菌落生长,则以小于 1 乘以最低稀释倍数计算。

F. 若所有平板上菌落数均不在 10～150 CFU 之间,则以最接近 10 CFU 或 150 CFU的平均菌落数乘以稀释倍数计算。

最终得出每克(或每毫升)样品中所含霉菌孢子总数。

(4)菌落观察结果与报告

为进一步鉴定,常用的培养基一般是青霉、曲霉用察氏培养基,其他霉菌(镰刀菌、芽枝霉)用 PDA,进行划线(斜面)和点植培养(平板)。25～28 ℃下培养不同时间进行观察。

在标准培养基上形成菌落后应每隔一定时间检查并记录细节。

①生长速率

培养一定天数(如 5 天、10 天、14 天),以菌落直径表示。描述时也可以极慢、慢、中等、快等加以说明。

②菌落颜色

表面(气生菌丝、子实体、菌核等)和埋伏菌丝的颜色及其变化,以及菌落反面的颜色及其变化。

③培养基颜色

观察培养基颜色及其变化是否仅限于菌丝体所覆盖的部分或扩大到了其他部分。

④菌落表面

疏松或紧密,平坦或隆起,凹陷或褶皱,有无同心环或辐射沟纹,边缘是否整齐,气生菌丝是否有分泌的液滴及其他特征。

⑤菌落质地

绒状、絮状、绳状、粉粒状或束状。

⑥气味

记录“霉味”“芬芳”或其他特殊气味。

⑦埋伏菌丝的特点

颜色、有无横隔、直径、有无特殊构造。

⑧成熟子实器官特征

如孢子囊、子囊果、分生孢子盘、分生孢子器、孢梗束、菌丝束或分散的分子孢子梗等的特征、颜色、形状、大小和着生方式。

⑨孢子特征

孢子(无性与有性孢子)的形状、颜色、分隔、表面纹饰和大小。

(5)注意事项

①菌落观察结果与报告中的诸项①~⑤项可用肉眼或放大镜观察,⑦~⑧项用低倍镜观察。⑨项需制片在高倍镜下观察。

②制备标本时菌龄一般以4~7天最为合适。

③报告中⑦~⑨项需制片观察:在载玻片上加一滴乳酸酚棉蓝染色液,用解剖针从霉菌菌落边缘处挑取少量已产孢子的霉菌菌丝,先置于乙醇中浸一下以洗去脱落的孢子,再放在载玻片上,用解剖针将菌丝分散开,盖上盖玻片置显微镜下观察。

4. 思考题

试述检查食品中霉菌的普遍性与重要性。

实训项目五十一
常见食用菌子实体形态观察

1. 课前预习

(1)常见食用菌子实体的生产特性。

(2)不同子实体的性状与特征。

2. 技能要求

(1)了解食用菌子实体特征,识别常见的几种食用菌。

(2)学会观察双核菌丝及其锁状联合的形态构造。

3. 术语与定义

子实体是高等真菌的产孢构造，即果实体，由已组织化了的菌丝体组成，在担子菌中又叫担子果，在子囊菌中又叫子囊果。无论真菌是有性生殖还是无性生殖，无论真菌结构简单或复杂，都称其产孢结构为子实体。

自然界大型真菌的子实体形态相当复杂，形状因菌类不同而各异，有伞状、笔状、头状、耳状、舌状、球状、花朵状、树枝状等，其中绝大多数属于外形像伞的种类，常常叫作伞菌，如蜡伞科、鹅膏菌科、蘑菇科等；少数属于非伞形的多孔菌类和子囊菌类，如木耳科、羊肚菌科等。一般来讲可从伞菌类、非褶菌类、胶质菌类、腹菌类、子囊菌类五大类对真菌的形态做简单描述。子实体以伞状最多。

食用菌子实体形态观察

1. 技术原理

食用菌由双核菌丝分化形成子实体。子实体形状因种类不同而有很大差别，故为食用菌类别的主要标志之一，可以通过40×物镜加以鉴别。

2. 仪器和材料

仪器：显微镜、载玻片、盖玻片、镊子等。

材料：几种食用菌（平菇、香菇、银耳、黑木耳等）子实体、几种食用菌（菌种）菌丝体、乙醇（70%）等。

3. 实训步骤

（1）食用菌子实体形态特征的识别

首先观察各种食用菌子实体的组成部分及形态特征。然后用解剖刀纵切子实体，观察其菌盖组成，菌肉的颜色、质地，菌褶形状和着生情况（离生、延生、直生、弯生）等。再观察其菌柄的组成、菌柄的质地、中实或中空等。菌柄基本形状与特征如图51－1所示。

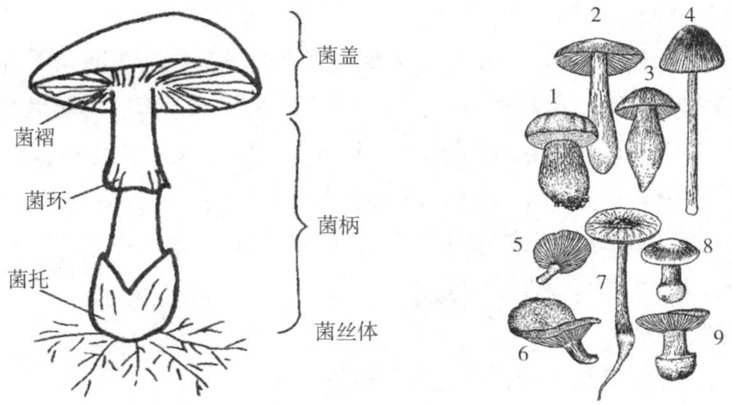

图 51－1　菌柄形状及特征

1. 粗筒状;2. 棒状;3. 纺锤状;4. 圆柱状;5. 柄侧生;6. 柄偏生;

7. 基部延伸呈假根状;8. 基部膨大呈球状;9. 基部呈杵状

(2)食用菌子实体微观形态观察

选择新鲜幼嫩子实体→菌盖上取一小块菌褶于置左手,右手持刀片→横切菌褶若干薄片放入有蒸馏水的培养皿中→取载玻片于中央加半滴蒸馏水→用小镊子小心而轻快地在水内将切下的薄片挑起→放入载玻片水滴→染色加盖片→置显微镜下先用低倍镜再用高倍镜观察两侧子实层、担子和担孢子着生情况和结构。木耳和香菇的显微观察如图 51－2 所示。

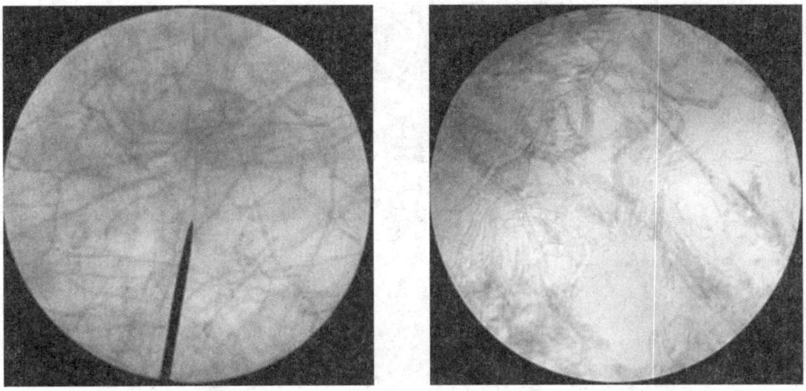

木耳　　香菇

图 51－2　木耳和香菇子实体显微观察图

(3)观察双核菌丝及其锁状联合的形态构造

主要认识食用菌的营养体和繁殖体的微观结构。

①将清洁的载玻片中央滴半滴水。

②用接种针(或解剖针)于试管斜面或培养基内挑取少许菌丝体置于载玻片液滴中,并用接种针或解剖针将菌丝体挑开使之分散。

③用镊子加盖玻片,注意避免产生气泡。

④用高倍镜观察双核菌丝体及锁状联合的形态构造。

附:食用菌菌种的培养

接种箱灭菌→将子实体、接种工具、酒精灯、火柴、记号笔、斜面培养基、培养皿、小剪刀、酒精棉球等,置于接种箱内→打开紫外灯管,灭菌 40 min→用肥皂洗手并用清水洗净,再用 75% 酒精棉球擦手,将手插入接种箱的袖套内→点燃酒精灯,灼烧接种工具→将子实体从中间一撕两半,用小剪刀挑起菌肉(菌柄与菌盖连接处),并放在 PDA 斜面上,塞好棉塞→写上菌种名称、日期→放在 25 ~ 28 ℃恒温下培养 8 ~ 10 天左右→菌丝可布满斜面,此即为母种。

(4)结果报告

子实体的形态构造特征结果与报告见表 51 - 1。

表 51 - 1　子实体的形态构造描述

菌名	菌盖或耳状				菌柄或耳根				
	大小/mm	厚度/mm	形状	色泽	长度/mm	粗细/mm	色泽	形状	质地

(5)注意事项

①防止孢子脱落,应将子实体菌褶轻铺于载玻片上。

②菌褶取样时,尽可能轻而薄。

4. 思考题

绘出所观察食用菌子实体形态图,并阐明差异性。

实训项目五十二
食用菌功能性成分的提取及抑菌效果的测定

1. 课前预习

(1)食用菌功能性成分的作用机理。

(2)抑菌效果的特征表述。

2. 技能要求

(1)了解溶剂法提取香菇中功能性成分多酚。

(2)学会利用香菇多酚设计抑菌效果测定实验。

3. 术语与定义

多酚是在植物性食物中发现的具有潜在促进健康作用的一类次生代谢物。大量研究表明,植物多酚在抗氧化、抗诱变、抗肿瘤、抗病毒、抑菌、减缓骨质疏松、健齿、降血脂、降血糖等方面具有良好的作用。同样,香菇多酚也具有一定的抗氧化、抑菌等生理活性。

抑菌即是抑制细菌和真菌生长繁殖,可以通过测定抑菌圈的方式加以表征。抑菌圈是弗莱明在发现青霉素的过程中,提出的一个词。他发现,接种了青霉的培养皿中,青霉的周围不生长细菌,而在远离青霉的地方有细菌生长。不生长细菌的地方,是一个以青霉菌落为圆心的规则的圆,这个圆圈被弗莱明称为抑菌圈。

香菇多酚的提取及抑菌效果测定

1. 技术原理

以干香菇为材料,采用溶剂法提取香菇中的多酚,同时对香菇多酚的抑菌圈进行测定及确定最低抑菌浓度。

2. 仪器和材料

仪器:双光束紫外－可见分光光度、恒温水浴锅、旋转蒸发器、循环水式真空泵、霉菌培养箱、电热培养箱、超净工作台等。

主要材料:香菇。

菌种:大肠杆菌、金黄色葡萄球菌、青霉和酿酒酵母等。

培养基:培养细菌用牛肉膏蛋白胨培养基;培养霉菌用PDA。

主要试剂:焦性没食子酸、福林试剂、无水乙醇、碳酸钠、氢氧化钠、乙酸乙酯等。

3. 实训步骤

(1)样品准备

香菇自然晾干后粉碎过40目筛,备用。

(2)香菇多酚的提取与浓度测定

①香菇多酚提取工艺

香菇干品→粉碎→筛分→取40～60目粉粒→酶解→过滤→残渣(乙醇浸提)→合并两次滤液→蒸发浓缩→3 000 r/min离心→上清液→定容→提取液多酚含量测定

↓

乙酸乙酯萃取→蒸发浓缩→干燥→粗多酚

②香菇多酚提取条件

以料液比为1∶10(g∶mL)、酶解温度50 ℃、果胶酶添加量1.48%条件酶解10 min后,温度提升至80 ℃灭酶;残渣以乙醇浓度50%、料液比为1∶10(g∶mL)、提取温度

85 ℃条件持续浸提 2 h。合并两次滤液并用乙酸乙酯萃取，减压浓缩后得粗品。

③标准曲线测定

称取 25 mg 没食子酸，加入 25 mL 去离子水中，得到 1 mg/mL 的没食子酸溶液。吸取 1 mg/mL 的没食子酸溶液 5 mL，定容至 50 mL 容量瓶中，即得 0.1 mg/mL 的没食子酸溶液，然后配成 0 μg/mL、20 μg/mL、40 μg/mL、60 μg/mL、80 μg/mL、100 μg/mL的没食子酸标准溶液。取不同没食子酸标准溶液 1 mL，分别加入0.5 mL福林试剂、2 mL 10% 碳酸钠溶液，定容至 10 mL，室温下反应 2 h，用紫外－可见分光光度计测定各溶液在 760 nm 处的吸光度。处理数据，建立标准曲线，得标准回归方程，考察线性相关性。

④多酚含量的测定

采用福林比色法，通过标准曲线方程计算多酚含量。

(3) 香菇多酚的抑菌效果测定

①供试菌株的准备

将供试菌种接入相对应的试管斜面培养基上，每种菌接两支重复，细菌置 37 ℃恒温箱内培养 18 ~ 24 h，霉菌培养 44 ~ 48 h，待用。

②培养基的配制及平板的制备

配制的各种供试菌株的培养基，经高压蒸汽消毒灭菌，冷却至 50 ~ 60 ℃，无菌操作于灭过菌的培养皿内，每皿 15 ~ 20 mL，即培养皿内培养基的厚度 2 ~ 2.5 mm，制备够充足数量。

③供试菌株悬浮液的制备

在超净工作台上进行无菌操作。用接种环挑取少许菌体于装有 10 mL 无菌水的试管中，用力振荡，制成均匀的各种菌悬液，霉菌、酵母用血细胞计数板计数，细菌用平板菌落计数法计数，调整菌悬液的浓度为每毫升 10^5 ~ 10^6个。

④抑菌圈直径的测定

采用滤纸片法，用无菌吸管吸取上述各种菌悬液 0.5 mL 于平板上，然后用无菌涂布棒涂布均匀，待用。将多酚粗提物配成 20 mg/mL 的水溶液，将直径为 9 mm、已灭菌烘干的滤纸圆片浸入该多酚溶液中 2 h，捞出沥干，贴于含菌平板中，同时以水做空白实验，每平板贴 3 片滤纸片，呈正三角形，重复 3 个平板，倒置培养，细菌于 37 ℃培养 20 h，真菌于 28 ℃培养 48 h，细菌于 24 h 后观察，真菌于 48 h 后观察，用游标卡尺测量培养基中抑菌圈的直径。

⑤最低抑菌浓度的确定

将香菇多酚配制成浓度分别为 1 mg/mL、5 mg/mL、10 mg/mL、15 mg/mL、20 mg/mL的溶液，研究样品对大肠杆菌、金黄色葡萄球菌的最低抑制浓度，其实验操作过程同上一步。

⑥抑菌圈直径的确定

采用滤纸片法研究香菇多酚对大肠杆菌、金黄色葡萄球菌、青霉和酿酒酵母 4 种实验菌的抑制效果，以抑菌圈直径的大小为衡量指标。

表 52－1　筛选菌株实验表

菌种	抑菌圈直径/mm	
	样品	对照
大肠杆菌		
金黄色葡萄球菌		
啤酒酵母		
青霉		

⑦香菇多酚最低抑菌浓度实验

以大肠杆菌、金黄色葡萄球菌为供试菌，测定香菇多酚的最低抑菌浓度。

表 52－2　香菇多酚最低抑菌浓度测定

浓度/($mg \cdot mL^{-1}$)	抑菌圈直径/mm	
	大肠杆菌	金黄色葡萄球菌
1		
5		
10		
15		
20		

(4)注意事项

①滤纸片浸液之前要保证干燥。

②培养过程中防止杂菌的污染。

③实验要多次重复，最后取平均值报告抑菌圈直径。

4. 思考题

利用琼脂扩散法进行抑菌实验的优缺点是什么？

参考文献

[1]王永华. 食品分析[M]. 中国轻工业出版社,2010.
[2]无锡轻工大学,天津轻工业学院. 食品分析[M]. 中国轻工业出版社,2008.
[3]中华人民共和国国家卫生和计划生育委员会. GB 5009.2—2016 食品相对密度的测定[S]. 北京:中国标准出版社,2017.
[4]中华人民共和国国家卫生和计划生育委员会. GB 5009.3—2010 食品中水分的测定[S]. 北京:中国标准出版社,2017.
[5]中华人民共和国国家卫生和计划生育委员会. GB 5009.4—2016 食品中灰分的测定[S]. 北京:中国标准出版社,2017.
[6]中华人民共和国国家卫生和计划生育委员会. GB 5009.239—2016 食品酸度的测定[S]. 北京:中国标准出版社,2017.
[7]中华人民共和国国家质量监督检验检疫总局,中国国家标准化管理委员会. GB/T 12456—2008 食品中总酸的测定[S]. 北京:中国标准出版社,2009.
[8]中华人民共和国国家卫生和计划生育委员会,国家食品药品监督管理总局. GB 5009.6—2016 食品中脂肪的测定[S]. 北京:中国标准出版社,2017.
[9]中华人民共和国国家质量监督检验检疫总局,中国国家标准化管理委员会. GB/T 8314—2013 茶 游离氨基酸总量的测定[S]. 北京:中国标准出版社,2014.
[10]中华人民共和国国家卫生和计划生育委员会,国家食品药品监督管理总局. GB 5009.124—2016 食品中氨基酸的测定[S]. 北京:中国标准出版社,2017.
[11]中华人民共和国国家卫生和计划生育委员会,国家食品药品监督管理总局. GB 5009.5—2016 食品中蛋白质的测定[S]. 北京:中国标准出版社,2017.
[12]中华人民共和国国家卫生和计划生育委员会. GB 5009.7—2016 食品中还原糖的测定[S]. 北京:中国标准出版社,2017.
[13]中华人民共和国国家质量监督检验检疫总局,中国国家标准化管理委员会. GB/T 5513—2008 粮油检验 粮食中还原糖和非还原糖测定[S]. 北京:中国标准出版社,2009.
[14]中华人民共和国国家质量监督检验检疫总局,中国国家标准化管理委员会. GB/T 15672—2009 食用菌中总糖含量的测定[S]. 北京:中国标准出版社,2009.
[15]中华人民共和国国家卫生和计划生育委员会. GB 5009.86—2016 食品中抗坏血酸的测定[S]. 北京:中国标准出版社,2017.

[16]中华人民共和国国家卫生和计划生育委员会. GB 31604.32—2016 食品接触材料及制品 木质材料中二氧化硫的测定[S]. 北京:中国标准出版社,2017.
[17]中华人民共和国国家质量监督检验检疫总局,中国国家标准化管理委员会. GB/T 13025.5—2012 制盐工业通用试验方法 氯离子的测定[S]. 北京:中国标准出版社,2017.
[18]中华人民共和国国家卫生和计划生育委员会. GB 5009.9—2016 食品中淀粉的测定[S]. 北京:中国标准出版社,2017.
[19]中华人民共和国国家质量监督检验检疫总局,中国国家标准化管理委员会. GB/T 6434—2006 饲料中粗纤维的含量测定 过滤法[S]. 北京:中国标准出版社,2006.
[20]中华人民共和国国家质量监督检验检疫总局. GB/T 18868—2002 饲料中水分、粗蛋白质、粗纤维、粗脂肪、赖氨酸、蛋氨酸快速测定 近红外光谱法[S]. 北京:中国标准出版社,2003.
[21]中华人民共和国卫生部,中国国家标准化管理委员会. GB/T 5009.10—2003 植物类食品中粗纤维的测定[S]. 北京:中国标准出版社,2004.
[22]中华人民共和国国家质量监督检验检疫总局,中国国家标准化管理委员会. GB/T 5515—2008 粮油检验 粮食中粗纤维素含量测定 介质过滤法[S]. 北京:中国标准出版社,2008.
[23]中华人民共和国国家出入境检验检疫局. SN/T 0800.8—1999 进出口粮食、饲料粗纤维含量检验方法[S]. 北京:中国标准出版社,2000.
[24]中华人民共和国农业部. NY/T 2016—2011 水果及其制品中果胶含量的测定 分光光度法[S]. 北京:农业部,2011.
[25]中华人民共和国卫生部. GB 25533—2010 食品添加剂 果胶[S]. 北京:中国标准出版社,2011.
[26]中华人民共和国国家质量监督检验检疫总局,中国国家标准化管理委员会. GB/T 22182—2008 油菜籽叶绿素含量测定 分光光度计法[S]. 北京:中国标准出版社,2008.
[27]中华人民共和国农业部. NY/T 3082—2017 水果、蔬菜及其制品中叶绿素含量的测定 分光光度法[S]. 北京:农业部,2017.
[28] 牛晓宇,朱宇君,侯海鸽,等. 原子吸收法测定芦荟叶绿素总量的研究[J]. 黑龙江大学自然科学学报,2000,17(4):74－75.
[29]中华人民共和国国家卫生和计划生育委员会. GB 5009.260—2016 食品中叶绿素铜钠的测定[S]. 北京:中国标准出版社,2017.
[30]国家技术监督局. GB/T 10467—1989 水果和蔬菜产品中挥发性酸度的测定方法[S]. 北京:中国标准出版社,1989.
[31]中华人民共和国国家卫生和计划生育委员会,国家食品药品监督管理总局. GB

5009.33—2016 食品中亚硝酸盐与硝酸盐的测定[S]. 北京:中国标准出版社,2017.

[32]中华人民共和国国家卫生和计划生育委员会,国家食品药品监督管理总局. GB 5009.12—2017 食品中铅的测定[S]. 北京:中国标准出版社,2017.

[33]中华人民共和国卫生部,中国国家标准化管理委员会. GB/T 5009.197—2003 保健食品中盐酸硫胺素、盐酸吡哆醇、烟酸、烟酰胺和咖啡因的测定[S]. 北京:中国标准出版社,2004.

[34]中华人民共和国国家卫生和计划生育委员会. GB 5009.229—2016 食品中酸价的测定[S]. 北京:中国标准出版社,2017.

[35]中华人民共和国国家卫生和计划生育委员会,中华人民共和国农业部,国家食品药品监督管理总局. GB 23200.19—2016 水果和蔬菜中阿维菌素残留量的测定 液相色谱法[S]. 北京:中国标准出版社,2017.

[36]中华人民共和国农业部. NY/T 761—2008 蔬菜和水果中有机磷、有机氯、拟除虫菊酯和氨基甲酸酯类农药多残留的测定[S]. 北京:农业部,2008.

[37]中华人民共和国国家卫生和计划生育委员会. GB 5009.238—2016 食品水分活度的测定[S]. 北京:中国标准出版社,2017.

[38]中华人民共和国国家卫生和计划生育委员会. GB 5009.227—2016 食品中过氧化值的测定[S]. 北京:中国标准出版社,2017.

[39]中华人民共和国国家卫生和计划生育委员会,国家食品药品监督管理总局. GB 5009.83—2016 食品中胡萝卜素的测定[S]. 北京:中国标准出版社,2017.

[40]Oyaizu M. Antioxidative activities of browning products of glucosamine fractionated by organic solvent and thin - layer chromatography[J]. Nippon Shokuhin Kagyo Gakkaishi, 1988,35(11):771 - 775.

[41]Wiriyaphan C, Chitsomboon B, Yongsawadigul J. Antioxidant activity of protein hydrolysates derived from threadfin bream surimi byproducts [J]. Food Chemistry, 2012, 132: 104 - 111.

[42] Yamaguchi T, Takamura H, Matoba T. HPLC method for evaluation of the free radieal - scavenging activity of foods by using 1,1 - diphenyl - 2 - picrylhydrazyl[J]. Bioscience Biotechnology and Biochemistry, 1998, 62(6): 1201 - 1204.

[43]Ali S, Choudhary M I, Rahman A U. Superoxide anion radical, an important target for the discovery of antioxidants [J]. Atherosclerosis Supp., 2008, 9(1): 268 - 270.

[44]Wang L L, Xiong Y L. Inhibition of lipid oxidation in cooked beef patties by hydrolyzed potato protein is related to its reducing and radical scavenging ability[J]. Journal of Agricultural and Food Chemistry, 2005, 53:9186 - 9192.

[45]刘新旗,涂丛慧,张连慧,等.大豆蛋白的营养保健功能研究现状[J].北京工商大学学报(自然科学版),2012,30(2):1-6

[46]Saio K,Kamiya kajikawa M,Watanabe T. Food processing characteristics of soybean 11S and 7S proteins. [J]. Journal of the Agricultural Chemical Society of Japan, 2014,33(9):1301-1308.

[47]LIU CHUN, WANG XIANSHENG, MA HAO, et al. Functional properties of protein isolates from soybeans stored under various conditions [J]. Food Chemistry, 2008, 111(1): 29-37.

[48]Pearce K N,Kinsella J E. Emulsifying properties of proteins:Evaluation of a turbidimetric technique [J]. Journal of Agricultural and Food Chemistry, 1978 (26): 716-723.

[49]中华人民共和国农业部. NY/T 1600—2008 水果、蔬菜及其制品中单宁含量的测定 分光光度法[S].北京:农业部,2008.

[50]中华人民共和国国家质量监督检验检疫总局,中国国家标准化管理委员会. GB/T 15686—2008 高粱 单宁含量的测定[S].北京:中国标准出版社,2009.

[51]王晓玲,温普红.大蒜中大蒜辣素含量的测定[J].宝鸡文理学院学报(自然科学版),1999,19(4):23-25.

[52]朱君芳,许建,高杰.丙酮酸差量法测定大蒜中大蒜辣素含量方法的建立[J].食品与发酵工业,2015,41(11):148-151.

[53]中华人民共和国国家卫生和计划生育委员会. GB 5009.44—2016 食品中氯化物的测定[S].北京:中国标准出版社,2016.

[54]中华人民共和国国家卫生和计划生育委员会,国家食品药品监督管理总局. GB 4789.3—2016 食品微生物学检验 大肠菌群计数[S].北京:中国标准出版社,2017.

[55]中华人民共和国国家卫生和计划生育委员会,国家食品药品监督管理总局. GB 4789.2—2016 食品微生物学检验 菌落总数测定[S].北京:中国标准出版社,2017.

[56]中华人民共和国国家卫生和计划生育委员会. GB 4789.15—2016 食品微生物学检验 霉菌和酵母计数[S].北京:中国标准出版社,2017.

[57]中华人民共和国国家卫生和计划生育委员会,国家食品药品监督管理总局. GB 4789.1—2016 食品微生物学检验 总则[S].北京:中国标准出版社,2017.